全方位
創造你的富裕人生

趨勢創業大師 曾靖澄 教你如何掌握對的趨勢打造自己的獲利公式

趨勢創業大師

曾 靖 澄 ——— 著

請你跟我這樣做，或者請你自己這樣做

有一個好朋友問我：「世界上最難的兩件事是什麼？」

我心想，這肯定是個腦筋急轉彎題目，怎樣答都不對，索性跟他說我不知道，請他直接公布答案。

我朋友回答說：「世界上最難的兩件事，第一是把自己的思想放在別人的腦袋裡；第二是把別人的金錢放在自己的口袋裡。」

他繼續問我：「你知道這兩件事誰做得最好嗎？」

我說：「我還是不知道。」

他便得意地公布答案說：「能夠把自己的思想放在別人的腦袋裡的，叫做老師。能夠把別人的金錢放在自己的口袋裡的，叫做老闆。但這些人都只做一半，真正可以做到既把自己的思想放在別人腦袋，又把別人的金錢放到自己口袋裡的那個人，叫做老婆。」

語畢，他得意洋洋的哈哈大笑。

　　見他笑完，我說：「笑完了嗎？換我問你了，你知道世界上最難的兩件事是什麼？」

　　我朋友帶著聽笑話的表情，聽著我問著一模一樣的問題，他同樣的回答說不知道。

　　我對他說，世界上最難的兩件事：

第一是「持續」把自己的思想放在別人的腦袋裡。

第二是「持續」把別人的金錢放在自己的口袋裡。

　　咦！答案不是差不多？只是多了兩個字而已，但這兩個字就影響著一生。

　　是的，一時的成功不叫成功，短暫的擁有還不算擁有。**無法持續，是許多人無法達到成功人生的關鍵。**

　　身為業務員，這個月成為月冠軍了，但是下個月還能夠保持下去嗎？經營事業，今年賺大錢了，但明年財報是否依然亮麗？兩人熱戀如膠似漆，但是否願意手牽手走一輩子？

　　特別是「思想」及「金錢」，人生在世不是追求金錢富裕，

就是追求心靈富裕，最好兩者皆有，許多人不快樂的根源就是因為這兩件事沒做好。我們可以清楚看見身邊的人，人生會失敗或者過著不是自己想要的生活，關鍵原因一定是這二者之一。

他們可能曾經可以影響別人，但後來沒跟上時代趨勢，或沒與時俱進的成長，於是被淘汰。他們可能曾經賺過錢，但沒能長長久久，最終還是一場空。這類的例子非常多，並且適用在各個領域。

🅿 以思想觀念來說

例一：

某甲是網路工程師，在某個領域曾是當紅炸子雞，眾家公司爭相搶著用高薪聘用他。然而當新的網路技術發展出來，某甲卻仍陶醉在他原本的領域裡，於是逐漸被社會淘汰，淪為失業者。

例二：

某乙承接父親的事業，當年他父親的企業是該行的領先者，某乙打算蕭規曹隨，延續父親的作法。但當時代都已經進展到工

業 4.0 了，某乙卻仍守著舊方法，可想而知，跟不上潮流，最後公司黯然關門。

例三：

　　某丙和他的女友從大學就是班對，一路走來相親相愛，到畢業都還是戀人，但終究沒能結婚。因為當女友持續學習成長，某丙卻依舊守著原來的相處模式。直到有天女友跟他說，再也無法跟他溝通，兩人走不下去了，才驚覺自己已經失戀。

🪙Ⓟ 以創造金錢這件事來說

例一：

　　王先生是某企業的頂尖業務，他的月收入都在六位數，總以為自己本事很強，從不擔心錢的事，每月都盡情吃喝玩樂。直到某天企業資金周轉不靈，一夕間倒閉，王先生忽然失業，驚覺收入斷了炊。他想另起爐灶，但從零開始談何容易，有長達半年時間他都得勒緊腰帶過日子。這時他才體會，這個月有錢不代表每個月都有錢的道理。

例二：

　　李太太每天生活得很愜意，因為她有一個會賺錢的老公，每月給她的零用錢夠她去買名牌及喝高檔下午茶，她以為這一輩子都會這樣。孰料婚後第三年，老公先是外遇，後來狠了心決定和她離婚。她以為會擁有的一輩子保障，頓時成空，身邊沒有錢，未來一片迷茫。

　　所以，就算自己現在能成功的把思想放在別人腦袋裡，若有朝一日自己所學落伍了，那麼你這個老師，就不夠格當老師。

　　就算自己現在能成功把別人的金錢放到自己口袋裡，如果沒有建立長久的金流模式，你這個老闆，也可能明天就一無所有。

　　大家習慣用三維的概念想事情，但其實應該要用「四維」的概念，也就是加上「時間」，才是正理。

　　一個老師可以把自己的思想放在別人的腦袋。問題是：

　　今天老師的思想是對的，但明天依然是對的嗎？

　　從這個角度來看，老師的思想是對的，然而從另一個角度看，還是對的嗎？

就以理財這件事來看，在王永慶的年代，強調的事業經營觀和現在是一樣的嗎？當年沒有網路，甚至連電腦都沒有；當年勤儉致富的思想，到今天已經不適用。要懂得大數據分析，懂得跨國理財的人，才有未來。

同樣的，老闆可以把消費者的錢賺進口袋。問題是：

今天會替公司賺錢的產品，明天還依然會熱賣嗎？

這套商業模式此時此地適用，是否換個時空就不適用了？

2017 年金馬獎的得獎影片《血觀音》裡有句名言：「笑到最後的才是贏家。」

要怎樣讓自己成為「笑到最後的人」呢？

從前老師總叫我們要跟著好老師學，有句人人耳熟能詳的話：「教練的級數，決定選手的級數。」

這句話基本上是沒錯的，但記得前面我說的，要以四維概念想事情。當加上時間因素，前面那句話基本觀念仍是對的。只是「青出於藍，而勝於藍」，今天的教練，明天就不一定適合當你的教練，這時候，你就要懂得追求新的成長。

所以那句話應該改成：「教練的級數，決定選手到今天為止可以到達的級數。」至於明天該怎麼做？你可以換更好的教練，一山還有一山高，前面總是會有更高的境界等著你。

比爾蓋茲曾說：「成功的竅門有三個，第一先是要幫成功的人工作，第二是與成功的人一起工作，最後，要讓成功的人為你工作。」

在事業上如此，在人生各領域的學問也莫不如此。

時代在變，有些基本道理是不變的，但詮釋的方式可能要變。做為本書前言，我衷心想要和你分享我如何能夠成為業界第一，我如何能夠創造高收入。

我希望我可以是你「現在」的教練，但我也要告訴你，我和各位一樣，處在四維的世界裡，我也永遠都必須學習成長。

希望本書可以引領你，讓你從現在的工作模式或生活模式，升級到一個新模式。

我會說：「請你跟我這樣做。」

　　但如果有一天，你要跟我說：「我想自己這樣做，因為我已經有更好的發展。」到那個時候，我要恭喜你，你已經可以當別人的老師了。

　　你今天笑得開懷嗎？想要五年、十年、二十年後都一樣笑開懷嗎？讓我們都成為笑到最後的人生贏家，一切都從這一刻的學習開始。

目次

第一部　基礎心態篇
撒下成功的種子

第二部 業務技巧篇

成功總有好方法

第三部 跨境事業篇

要賺天下人的錢

第四部　進階致富篇
進入虛擬貨幣時代

第五部　幸福人生篇
人生的多面向致富分析

第一部

撒下成功的種子

基礎心態篇

活出你的未來，還是撐出你的未來？

努力很重要，但建立正確的思維模式更重要。

因為前者要刻意而為，後者自然成就。

我在帶團隊時，可以很快就發現哪些人可以做得長久？哪些人可能撐不了幾個月就會打退堂鼓？並非我有預知的能力，也不是因為我看誰不順眼，就事先看衰他。而是從一個人做事的心境，就可以看出他會有怎樣的未來。

提起做事心境，先排除掉不努力工作的人，一開始就不想努力的人，已經放棄了自己的未來，所以不列入考量。這裡要說的是同樣努力工作的人，為何有人做得長久，有人卻比較難持續？

重點就在於，你雖然努力在工作，卻不能讓自己「覺得」是在努力工作。

舉個簡單的例子，業務員 A 和業務員 B 陪著客戶去餐廳吃飯，因為是重要客戶請客，所以在餐桌上當然要和和氣氣，當端

上來了一份生魚片定食，對於不愛吃生魚片的 A 來說，他必須「努力」的去吃，就算再不喜歡，也要笑笑的把生魚片吞下去。但對於本來就喜歡生魚片的 B 來說，他自然而然吃得很開心。一份不夠，還想多吃幾份呢！

這就是「努力」與「不需努力」的差別。

各位想想，吃飯是一件事小事，不愛吃的東西硬吃，努力撐過那一餐就好。但如果是在其他領域呢？例如有人就是不愛讀書，但為了考上好學校「必須」努力讀書。有人就是不擅長業務工作，但是為了生存「必須」努力做業務。

也許你會說，人生嘛！快樂最重要，我們要「做自己」，不愛做的事，何必強迫自己做？

現代人最愛說的就是「做自己」，但如果凡事你都要「做自己」，我敢保證，除非你坐擁千萬元遺產，一輩子不愁吃穿，否則你「做自己」的人生撐不了多久。

怎麼辦呢？

到頭來，我們仍須努力，你必須努力念書才能考到好學校，你必須努力工作才能獲得老闆的賞識。

但單憑努力，就會很痛苦。因此，我要告訴你的是：

努力很重要，但努力的重點不是為了追求目標。

努力的重點，是為了改變自己，提升自己。

當自己提升了，目標就更容易達到。

以保險業務來說吧！這絕不是件容易的工作，每天要勤跑客戶，就算這個月業績再好，下個月還是得歸零重來，所以做業務真的很辛苦。

我在當保險業務主管時，會輔導新人，經常會聽到新人這樣對我回應，他們常愛說：「報告主任，我可能不適合做這工作，這不是我的專長興趣。」

碰到這樣的自我質疑，我總是笑笑的說：「年輕人，放眼全世界幾十億人口，沒有一個人天生的興趣是『做保險』。」

就好像我們去問羽球天后戴資穎或舉重冠軍郭婞淳，她們是「天生」喜愛打羽球，或天生就愛舉重嗎？當然不是，她們的專業都是後天努力學習而來。

但如果她們努力的「很痛苦」，那也不可能造就現在的她們，一定是一開始努力學習，後來讓自己從學習中成長，終於融入了專業的領域。一開始，每個揮拍每個動作，都要練習，後來，很多動作都已經變得很自然。再後來，還能千變萬化，讓整件事變得很有樂趣。

當然，過程中肉體可能很痛苦，例如運動到全身痠痛，但重要的是內心要很快樂。

同樣的，今天我們做業務工作，或者是在任何行業上班。努力有以下三種境界：

一、上班最大的願望，就是下班

很不幸的，這是很多上班族的心聲。他們可能每個白天都很努力工作，但內心裡最期望的是趕快下班。那麼實質上，他們的工作心境是痛苦的，這是最糟的境界。

二、上班最大的願望，就是不用上班

這樣的人可能想要創業，或者被生活所迫，所以必須在這個崗位工作。

這樣的人工作也是痛苦的，但因為對未來的期待超過痛苦的本身，所以可以做得比較久，這也不是好的境界。

三、上班最大的願望，就是忘了這是上班

什麼人會忘了正在上班？老闆通常都會忘了正在上班，因為是自己的事業，沒有上下班之分。或者很投入一個工作，真正做到樂在工作的人，也會忘了正在上班。這樣的人工作，就不再是痛苦的。

所以，我們必須努力工作，但我們要知道自己努力是為了什麼？是努力撐過今天？努力撐過好幾年？還是努力到成為工作的真正專家，不再認為是「撐」。

吃飯不能吃撐，工作也不能硬撐。

如何提升自我境界，請建立好正確的思維模式。

追求成功，要先建立正確習慣

通常一個人不會自然而然就喜歡上有難度的事。因為人的天性，都愛先找簡單的、快樂的事做，就好像小孩子都喜歡玩樂，年輕人假日都喜歡睡大頭覺。

念書多痛苦啊！打電玩比較快樂吧！看著白板上的業績圖表，要攀登業績高峰多痛苦啊！還是抱著枕頭山比較輕鬆吧！

怎樣突破痛苦，讓自己從「努力」做一件事，提升到「自然而然」的境界呢？

只有一個方法，就是建立習慣。

就好像我們學開車，剛開始開車上路，是多可怕的一件事，就算在空地上練習開車都還會戰戰兢兢的，若是開到大馬路，更是全身緊繃到極致。但一旦開車變成了習慣，終有一天，你可以只用單手開車，另一隻手拿著早餐進食。甚至你邊想著等一下業

務會議要說些什麼，車子完全自然反應般一路開到公司停車場，你完全忘了怎麼從家裡開到公司的。

我們看那些各行各業的頂尖業務好手，他們面對陌生人的態度，就好像面對家人一般自然。好比說，人稱銷售之神的喬吉拉德，他即便已經高齡八十以上，仍然每天見到陌生人就發名片。許多的業務新人，一想到要對陌生人開口，就緊張到不知如何是好。喬吉拉德和陌生人對話已經不僅是「習慣成自然」，而已經變成「習慣成樂趣」了。

因此，做任何事，要先從建立習慣開始。

- 你想成為業務高手，先從習慣當業務開始。
- 你想要年收入破百萬元，就先建立可以年收破百萬元的習慣。
- 你想要年收入破千萬元，就先建立可以年收破千萬元的習慣。

什麼叫年收破千萬元的習慣？那和一個人的格局有關。今天，我們要租一間房子當辦公室，每月要十萬元，這件事可能讓

我們考慮很久。但對郭台銘等大企業家來說，只要是企業經營所需要，就算一個月幾百萬元，可能就只是一秒鐘的決策，甚至根本不列入什麼重要事項，交代祕書處理一下就好。

我們想要擁有高收入，我們想要成為業績冠軍，這件事絕不是看看勵志書，自己喊喊加油就好。這是一件長遠的事，單單努力是不夠的，一定要從內心開始建立起習慣。

以我自己來說，我從小就建立習慣，對於「如何賺錢」這件事很重視。

小時候我的家境算是小康以上，父親是家具公司老闆，生意很成功，媽媽則是專業人士，她是個代書。我的童年基本上是衣食無缺、生活無虞。然而好景不常，在我中學時代，父親的工廠遭人放火付之一炬，之後我們就家道中落。

如果我從小就貧窮，那我很可能就「習慣」於貧窮的生活，所謂「近朱者赤，近墨者黑」，也許我長久處在窮人環境圈，也會建立起窮人的思維。但我的情況是由富掉入貧，因此我了解富有的感覺，貧窮讓我痛苦，在這樣的背景下，我從學生時代就很關心怎樣賺錢。

　　曾經有一次，好像是為了借錢，爸爸去拜訪一個很有錢的舅舅，我也跟著去，我印象很深刻，舅舅家住在大房子裡，出入都是名車，我的表哥、表姊們都是出國留學。當時我心生羨慕，就問爸爸，舅舅為何可以生活過得那麼好？爸爸回答我，因為舅舅是成功的生意人。

　　爸爸的回答給我的印象非常強烈，我在中學時代內心就已經建立強大的信念，我將來要當個成功的生意人。

　　這信念如此強大，讓我從那時就養成一個習慣，我做每件事，都會去想，這件事和我「將來成為一個成功的生意人」有沒有關係？

　　因為有這樣的信念，我做很多事，包括念書以及畢業後從事業務工作，我都比較容易投入。念書的時候，當別人總在想著假日要去哪玩，要去哪和女孩子聯誼時，我已經在想將來入社會要如何賺錢。後來入社會從事業務工作，別人一被拒絕就想打退堂鼓，我卻總是堅持下去，並且越挫越勇。

　　因為我心中有一個強大的信念，這個信念已經持續十幾年了，可以說已經變成「我身體的一部分」。我做業務碰到任何的

困難，都「自然而然」不認為那是困難，只要可以讓我「成為一個成功的生意人」，我都願意甘之如飴的去面對。

但或許你會問：「曾老師，這是因為你有那樣的成長背景，所以養成這種堅韌毅力。可是我們一般人不一定有這樣的背景啊！如何培養工作的習慣？」

建議方法有三：

第一、把目標具象化

你想要變成有錢人嗎？怎樣才叫有錢？你想多有錢？這件事你要具象化，具象到你腦海已經可以「看見」，十年後你會住在怎樣的房子裡。或者相反的，你也可以將負面的狀況具象化，你可以想像若你未來發展不成功，可能會變成如何的落魄樣。

當目標具象化，你的努力種子就有個具體播種的土壤，這樣的具象持續在你心中放映，終究會變成你的自然反應。做任何事，就會想到要達到那個目標。

第二、找出輔助的工具

或許你覺得自己意志力薄弱，無法強烈想到成功意象。那麼你就需要輔助，開始的時候會比較困難，你要把目標「文字化」、「圖像化」，例如在家中每個房間放著標語，放著你夢想中豪宅的圖片等等。

另外，包括經常性的播放勵志有聲書，以及常聽成功人士演講等等，這些都可以協助你建立追求目標的習慣。

第三、給自己定下嚴格處罰

習慣的建立需要紀律，特別是開始的半年，更要嚴格要求自己，不論是想戒菸、想減肥、想達成業績目標都是如此。嚴格規定自己要朝目標邁進，沒達到就處罰自己該月不准娛樂，不准吃想吃的東西。一旦習慣建立了，你就不再感到痛苦。

當有一天你看到別人視為畏途的任務，對你來說卻是小菜一碟的時候，那是因為你已經養成面對這件事的習慣，你就離成功更近一步了。

選擇比努力以及聰明重要

　　有一個人上山當學徒研習技藝，他每天很努力的工作，持續的吸收新知，以為成功就是努力加上聰明才智，頂多加上一點機運就好。

　　有一天師父把他找來，問這個學徒：「年輕人啊！你知道要通往成功之路，哪件事是最關鍵的呢？」

　　這個題目太大了，學徒一下子回答不出來。

　　師父說：「這樣吧！等下我做個測驗，你可要仔細看著。」

　　於是師父找來四個各有不同特質的弟子，大弟子的特質是做事認真踏實，二弟子的特質是反應敏捷，三弟子的特質是擅長各類工具，至於四弟子則只是個普通資質的人，並沒有什麼太突出的特質。

　　師父指著對面的山頭，要這四人出發去那山頭尋找一個寶箱，誰先找到，師父就將重要的技藝祕笈傳給誰。

　　於是做事認真的大弟子一馬當先的往前衝，反應敏捷的二弟

子先審視一下地形，接著才充滿自信地出發。三弟子則帶點不屑的看著前面兩個出發的人，他從背包中拿出一套登山工具，他相信自己雖較晚出發，但靠著實用工具，最終一定是他先到達。

當大家都出發了，只有四弟子仍停在原點，師父問他為何還不走？四弟子於是說：「請問師父，在出發前，師父有什麼指示？」

師父笑著說：「有的，其實要通往那個山頭，不是往前走，而是必須繞到山後，那裡才有路通達。」

結果可想而知，不論是努力的、聰敏的、擅用工具的，最終都沒能及時到達山頭。四弟子雖然什麼都不突出，但最終只有他到達山頭。

這故事帶給我們什麼啟示？

有人可能會說：「曾老師，這根本就是鼓勵作弊，這不公平。」但我要問，師父有阻止弟子們發問嗎？如果沒有，那些不問清楚就直接出發的人，沒能成功，要怪誰呢？

有句大家耳熟能詳的名言：「**選擇比努力重要。**」

道理大家都懂，但可以做到的卻不多。

如果你現在是上班族，你的工作是你慎選而來的嗎？還是抱著騎驢找馬，先找到工作再說的態度？

當老闆交辦你一件任務，你是先努力衝刺，還是先了解背後原因再出發？

你每天的生活帶著計畫性嗎？還是得過且過，任何事先做再說，等碰到問題時再來煩惱？

現在人經常抱怨，收入太少，工作不滿意，人生充滿苦惱。但有沒有想過，為何你的收入太少？是因為整個環境使然，大家錢都那麼少，還是只有你那麼少？

為何工作不滿意？是因為你常被老闆盯，因為你老做錯事，還是你真的才華洋溢，只是沒被伯樂看見？

為何人生充滿苦惱？是因為你的運氣特別背，還是你老是用錯誤的模式過生活？

以賺錢這件事來說，人人都想要賺大錢，但採取的方式不同。師長最常告訴我們的賺錢方式，同時也是做人做事的方式，就是我們要認真踏實。這個觀念沒有錯，但有太多人每天努力工

作，除了賺了一身病痛外，並沒有致富。顯然要賺大錢，不能只靠努力。

坊間各種書籍傳授各種理財致富技巧，書人人都可以買，但讀過之後，一個人就真的能夠成功賺大錢嗎？當然還是有人賺大錢，可是沒賺到錢的人更多。那些沒賺大錢的人，難道腦袋比較笨嗎？他們很多都是碩、博士畢業，頭腦可好著呢！但為何無法賺大錢？

那麼選擇借力使力吧！有人在大企業上班，樹大好遮蔭，企業大薪水高福利好，這是一種方法。另外跟隨著明師走，明師賺大錢了，跟隨者就算沒分到肉也至少有點湯可喝。但就算如此，也不是真的可以賺大錢。

真正會賺錢的人是怎樣的人呢？就是懂得抓住趨勢的人。

趨勢怎麼抓？書本不一定會有答案，因為趨勢的特色就是「會變化」，今天當紅的產業，也許明年就退燒。所以當年輕人高中畢業要選大學熱門科系時，長輩會建議，不要只看「現在」最夯的行業，要能判斷四、五年後，什麼才是當時可能的趨勢。

但趨勢只是個大方向，如果本身能力不夠，還是無法成事。

回到剛剛師父和弟子的例子，四個弟子中，只有四弟子一開始就走對方向，所以最後他成功了。但假定，這四個弟子統統都朝同一個方向走，那麼四弟子就一定不會是成功登頂的那個。

趨勢只是選擇參考的第一步，跟對趨勢讓你不會做白工。但就算跟對趨勢，你依然要認真踏實工作，反應敏捷的面對市場，並擅用各種工具或資源才能成功。

例如我從中學時代就立志要成為一個成功的生意人，我的目標就是要賺大錢，所以就一直在想，怎樣可以賺很多錢？當時第一個想法是要開公司，就像我的舅舅一樣。

由於本身學的是資訊，打工的時候也曾在電腦企業實習，所以中學時就想著，將來要開一家電腦公司。因為當時整個大環境看起來電腦業正紅，光我打工時認識的人中，就有三個準備要投入電腦相關領域的創業。但是到我高中畢業時，三個創業者中，兩個已經因公司經營不善收攤，另一個也只是苦撐著。於是我知道創業不是那麼容易的事，要賺錢要先想其他方法。

到底怎樣可以真正賺錢呢？選擇很重要，選擇的依據是什麼呢？是效率。

定義出真正的效率

大家都聽過伊索寓言中龜兔賽跑的故事，一路領先的兔子，自以為穩操勝券，看到烏龜已經被自己遠遠拋在很後面，牠就好整以暇的睡大覺。不料，一覺醒來，慢慢爬行的烏龜卻已經到了終點。這故事比較像童話，情節非常的不合邏輯，畢竟，兔子為何要那麼戲劇化的一定得在半路睡覺呢？當然背後的寓意是好的，具備啟發性，但要啟發的不是烏龜，而是兔子。

如果你讓自己站在烏龜的角度，自我安慰說：「只要我有毅力，持之以恆，成功就是屬於我的。」這已經是舊時代的思維。的確曾經有過這樣一個時代，臺灣剛從農業社會逐漸轉型到工業社會，彼時沒有網路也沒有電腦，那年代比較講究悶著頭努力耕耘的價值。但到了現在，更講究的是效率。

現在，龜兔賽跑的寓言是給兔子看的。其寓意是要睡覺可以，等成功後再睡吧！並且龜兔賽跑長遠來看，一定只有兔子才會贏，因為事業以及人生不是一場賽跑，而是天天都在賽跑，兔

子難道會笨到第二天比賽還繼續睡覺嗎？終究我們不能一直讓自己當烏龜。

　　但其實烏龜還是有機會可以贏的，重點不是「努力」，而是改變規則。假定賽跑的跑道分成兩段，前半部是大馬路，但後半部卻要穿越一條河流才能到終點，如果要繞到這條河有橋的地方，需要大半天的時間，於是兔子跑到河邊只能望水興嘆，眼睜睜看著慢慢走來的烏龜游泳過河，取得冠軍。

　　以上故事告訴我們兩個重點：

· 　**重點一：人要成功還是要憑藉實力，不能依賴對手的失敗。**

　　也就是說如果你沒有兔子的實力，只有烏龜的水平，那麼你只有設法提升自己實力，不要將希望寄託在兔子都在睡覺。

· 　**重點二：不論是任何的領域，成敗的重要因素，是你是否選對屬於你的戰場，以及你對比賽的定義。**

　　這兩大重點都和效率有關。

　　一般的認知裡，所謂效率，就是用最短的時間達到最佳的結果。這裡有兩個關鍵字眼：「時間」以及「結果」。

　　許多人的錯誤迷思，凡事求快，以為先跑先贏，但卻忘了同

樣是結果，有好的結果，也有壞的結果。同樣是好的結果，也分成一般好、很好、非常好、好還要更好。

　　舉個常見的例子，一般大學生都很愛打工，如果以效率理論來看，打工這件事是好是壞呢？

　　答案是，看你選擇的比賽定義。一般大學生打工的目的是什麼呢？主要是為了賺錢，也就是比賽的定義是「賺錢」。但是，大部分人打工看似賺錢，實際上卻是損失更多錢。

　　為什麼呢？假定有甲和乙兩位學生，甲生努力打工，當夜班時薪店員，每月賺到二萬多元，可以支付學雜費，還能夠有餘力逛夜市吃美食，乙生則將主力放在念書以及社團活動上。

　　以金錢這場比賽來說，乙生看似遠遠輸給甲生，但最後甲生因為荒廢學業，勉強混畢業，出社會後工作也都是高不成低不就。相對的，乙生學業優良，後來又繼續深造取得碩士學位，入社會擔任高階職位，年薪是甲生的好幾倍。相對於甲生對未來的茫然，乙生的未來有更寬廣的路。

　　所以，這場比賽，終究是甲生贏還是乙生贏？甲生輸了，不是因為他不努力，而是因為他努力的沒效率。

　　這看似很弔詭的事，一個努力工作的人，本該是勵志典範，現在卻成為沒效率的範本。沒效率的兩個關鍵，第一個是自己沒有累積實力，第二個是戰場定義錯誤。

　　我從學生時代就想要創業，還沒畢業就加入保險業，因為業績還不錯，存了一點錢，就想和另一個夥伴兩人集資，開一家當年還挺夯的窯烤比薩店。後來發現，我們兩人加起來的錢遠遠不夠創業才作罷。

　　就算當年能開店，現在想想，也覺得不看好，為什麼呢？因為我根本沒有累積足夠的實力，貿然進入市場，就好像一個只有烏龜實力的人去和眾家兔子競爭，不被淘汰才怪。

　　後來我認清現實，將焦點放在提升自己經驗上，繼續朝業務路上精進，才逐漸累積出經濟實力。

　　甲生的另一個錯誤，就是戰場定義錯誤。如果他不要把打工定義在賺錢，戰場改變了，結果就不一樣了。例如他把打工定義在學經驗，所謂成敗就不是以賺多少錢來決定。

　　有句話說：「年輕人三十歲以前工作要以累積經驗為主，三十歲以後要找到方向定下來。」

甲生如果以這樣的思維打工，他首先必須清楚自己打工可以學到什麼，他可以去做業務型的工讀，例如銷售信用卡，學習如何與陌生人接觸，或者他將來想開店，他可以去餐廳打工。也就是說，他的打工都要經過選擇，和他未來的生涯發展有關，這樣子才是有效率的打工。

如果要用兩個字來定義古今中外每個首富的共通點，那兩個字一定就是「效率」。

不論是古時候的陶朱公、較近代的王永慶、西洋的巴菲特，現代的比爾蓋茲，更現代的馬雲，他們脫穎而出的關鍵，都可列出數十種以上原因，他們從事的行業也都各不相同。但不論是因為創造趨勢、掌握市場，或者抓對時機，共同的因素一定是和效率有關。

簡單說，就是他們用更好的方法，在更短的時間內，開創出不凡的事業。

效率，終究和「時間」以及「結果」有關。

這也是貫穿本書要強調的重點。

找出你所想要的未來

效率，這是我從進入職場以來一直在思考，並且做為提升自己的衡量標準。

也許你會說，效率是什麼？還不簡單，上網查就有答案了。但其實，效率這件事並沒有標準答案。

效率的兩個關鍵，時間和結果，「時間」比較明確，就是以比較快的時間達到結果，但「結果」的定義卻依人而定。例如 A 和 B 兩個女孩，A 女孩把下班時間都花在逛街購物，努力把自己打扮得漂漂亮亮的，B 女孩則下班後去進修各種課程，累積自己的各種知識技能。

A 女孩和 B 女孩哪個看來比較「有效率」，一般的認知一定以為 B 女孩積極上進，所以是人生比較有效率的女孩。但事實上，A 女孩的「志向」很明確，就是找個好老公，未來當個相夫教子的好妻子好母親。

B 女孩雖然看似積極上進，但很可能她雖然經常上課，卻仍

未找到未來方向。因此，A 女孩可能才是比較有效率的那個。

　　所以一切效率的基礎，還是在找出「對的定義」，也就是屬於自己的定義。記得嗎？龜兔賽跑的故事，在大馬路上跑，烏龜鐵定輸的，但如果碰上大河，烏龜還是會勝出的，因為那是屬於烏龜的戰場。

　　不論是在從事保險產業，或者後來經營組織行銷事業，我在輔導新進人員的時候，總是會問他們這個問題：

　　「什麼是你將來想過的人生？」

　　這是個重要的問題，這問題本身沒有對錯。

　　有的人以為當公務員的人，領死薪水做制式工作比較沒出息，有的人以為上班族將自己生命賣給老闆，是錯誤的選擇。

　　若有機會在臺上演講，我總是告誡學員，千萬不要以自己的定義去框架別人。

　　所謂公務員、上班族是比較沒出息的說法，完全是站在追求高收入的角度思維，但世界上有人追求的是安穩，有人只希望默

默奉獻，有人想要從軍報效國家，有人想要追求思想更高境界投入宗教。正如同有的女孩以嫁人做終身目標，有的女孩則追求獨立自主，沒有對錯。

重點還是，你必須要確知「你要的是什麼」。

客觀來說，本書定義的效率，是我所追求的人生，是比較以金錢取向的，也就是說，效率是指可以在短時間內賺取最大的報酬。如果你也是希望朝這方向發展，那就可以和本書所定義的「效率」一致。

但即便如此，還有兩個重要事情要釐清：

要點一：效率的定義，一定要兼顧短期和長期

就好像股票買賣，當我們擷取某一個時段來看，某人低價買進一檔股票，在短時間內該股票快速上漲，某人帳面上大賺一筆，以短時間帶來高收益，這看似有效率。

但若把時間軸拉長，可能這週大漲，下週卻又下跌，以半年時間來看，其實該股票漲跌不定，六個月後計算，也只是小漲。以投資來看，不一定算是有效率。

要點二：必須清楚定義你的結果

同樣是賺錢，定義有什麼不同？有的人可能會說，有的，就是有錢，以及更加有錢。不過，在我自己的定義裡，我所要追求的有錢，必須含括以下兩件事，否則就算我戶頭存款再多，我都不算有錢。

1. 必須有錢有閒

如果有辦法賺大錢，卻始終沒時間花錢。那不成了錢奴？勞碌一輩子最終根本沒讓自己過好生活，這樣的「賺錢」，不是我定義的賺錢。

2. 必須不能犧牲到健康與家人

如果我賺了大錢，家人卻和我感到疏離，和妻子感情不睦，或沒時間關懷父母，甚至於連自己的健康都犧牲了，這樣的錢不賺也罷。

當然，這是我自己的定義。我必須強調，你一定要有自己的定義，在追求未來前，請先花點時間認清你將來想要過怎樣的生活。如同我在學生時代就很清楚自己想要「成為一個成功的生意人」，即便如此，怎樣才叫「成功的生意人」？我也是在累積一

定的社會經驗後，才逐步建構出更清楚的未來。

當你清楚你定義的成功，清楚你定義的什麼叫「賺大錢」，就可以如我一般好好的評估未來。

我從畢業開始，就沒有想過要當上班族，絕不是因為我瞧不起上班族，純粹是因為上班族不符合我追求的「賺大錢」定義。本書後面，也會針對不同的族群，包括《富爸爸，窮爸爸》一書所提出的 ESBI 四種象限職涯人：Employee（受雇者）、Self Employed（自由職業者）、Business Owner（企業所有人）、Investor（投資者）做人生規畫建議分析。

我畢業後，為了追求賺錢效率，一開始就選擇投入業務領域工作。但就算業務工作，對我來說，也有不同的效率指數。怎樣才能用最短時間賺到高收入，同時又兼顧「收入長久」以及「有錢有閒」的特性呢？

1. 保險產業

頂尖的保險業務，年薪可以達三、四千萬元，但隨著保險市場越來越飽和，這個數字已經遞減。

2. 房仲產業

業務高手年薪可以一、兩千萬元，但這行業受景氣波動影響很大。

以上兩個產業，要賺到大錢，經常都得以大量工作時間做代價，難以做到有錢有閒。但若以長時間來看，累積足夠客戶量，就可以得到較多的休閒。

3. 組織行銷產業

頂尖業務高手的年收入可以以億計。

所以以結論看，似乎是組織行銷產業是最佳的選擇。但這裡重點不是推崇組織行銷業，因為就算同一個產業，也會有良莠不齊的現象，以組織行銷來說，我所要強調的重點是「國際化」。其實各個行業，只要做到國際化，都能大幅增加獲利效益，所以要賺大錢，抓住「跨國性金流」才是重點。

計算你的獲利模式

當我們確定要以「賺大錢」為效率的依歸，並且要符合「有錢有閒」以及「生活平衡」的標準，就可以比較明確規畫如何朝這樣的目標邁進。

首先，我們可以以一個基本的方程式來做說明。

年收入（R）＝（次數（X）×時間（T）×單位時間報酬（W））＋（投資報酬（I））

或者

年收入（R）＝（次數（X1）×時間（T1）×單位時間報酬（W1））＋（次數（X2）×時間（T2）×單位時間報酬（W2））＋（次數（X3）×時間（T3）×單位時間報酬（W3））＋……＋（次數（Xn）×時間（Tn）×單位時間報酬（Wn））＋（投資報酬（I））

（T1 ＋ T2 ＋ T3……Tn ＝ T）

其中 T 值是固定的，你一年有 365 天，一天有 24 小時，我也同樣是 365 天以及每天 24 小時，至於其他的數據都可以變。

以公式來看，要讓 R 值變大，有很多方法，事實上，一個人的一生是否能變成有錢有閒的人，端看他如何分配這個公式。

各位試想，如果是你，你如何讓你的 R 值最大化呢？

以下是許多人的做法：

為了讓 R 變大，當 X1 × T1 × W1 收入太少，怎麼辦呢？只好再增加 X2 × T2 × W2，再不夠？就再增加 X3 × T3 × W3。

假定我們希望的 R 目標是 100 萬元，但 X1 × T1 × W1 乘出來的結果只有 40 萬元，所以只好再增加下一個項目。理論上，只要我們肯增加項目，就百分百可以達標，但實際上卻不可能。

因為時間有限，假定 T1 占去了八小時，那麼 T2 又占去八小時，就沒時間再有 T3，除非一個人完全不睡覺吃飯。本公式的 T 若以天數來算也是一樣道理，一個人不可能無限制的增加項目。並且這樣的項目增加會有額外的成本，其中最大的成本就是犧牲健康。這不合效益。

　　然而，為了增加收入，這卻是許多人選擇的作法。這包含兩種模式，以 ESBI 來說，其中 Employee 以及 Self Employee 最常用這種方法增加收入。

一、以 Employee 來說

　　就是兼差，但往往因為兼差影響正職，結果正職收入和兼職收入兩者加起來，可能增加不了多少錢，卻犧牲健康及休閒，比較沒效率。

二、以 Self Employee 來說

　　每一個 T 可能代表一個個案，這些個案是可以切割的，例如 T1 花五天，T2 再花五天等等，一個月可以接四個案子，只要時間分配恰當，將所有的 T 加起來，還有時間可以休閒及學習等等。這樣還是可以增加收入，重點在每個個案的單價收入高低。

　　不過實際上的案例，許多人仍面臨著要嘛收入太少，要嘛必須犧牲健康接多一點案子的困境。

　　不管前面（次數（X）X 時間（T）X 單位時間報酬（W））

的數字多少，只要 I 值很大就好。

但這也會有一定的問題，所謂 I 值，牽涉到很大的專業。所謂的非工資性收入，是很多理財專家強調的領域，包括加入投報率高的投資、做包租公或收取版稅等等。

投資的事說不準，有的人靠投資賺了巨額財富，但同樣有的人一夕之間，投資失利，賠光家產，這都說不定。

就算一些看似比較保險的項目，好比說當包租公，也是有一定的風險，例如房子本身出問題，或者房客帶來的困擾等等。

大部分的非工資收入，都還是要有基本的前提，例如要有高專業（好比說版稅收入的前提是你要會創作），或者高儲蓄利息（前提當然是你已經賺很多錢先存在那裡），而對一個年輕人來說，這些基本前提多半是不存在的。

如果增加項目次數不是好的選項，單靠投資，也不是年輕人可以立刻做到的。那麼決定 R 數字大小的主要關鍵，就在於兩個關鍵因子，也就是次數（X），以及單位時間報酬（W）。

請問，你認為要賺大錢的話，是次數（X）重要，還是單位時間報酬（W）重要呢？

　　相信很多人直覺反應認為是單位報酬重要，因為報酬越大，自然收入越大。然而實際上，卻是 X 更重要。

　　為什麼呢？單位報酬是可以創造財富的，但卻有一定的限制。上班族的單位報酬，可能是月薪五萬元，大企業的 CEO 單位報酬是月薪百萬元。這差距很大，但金額仍有限，總不能月薪高到好幾千萬元吧！

　　房仲若能成交一棟房子，可能單位報酬就有七位數字，但一年卻成交件數有限。相對的，汽車業務員、保險業務員等的單位報酬數字不一定，通常的情況是單位報酬若低些，成交件數可能比較多。

　　少數的案例，畫家一幅畫可能就可以賣好幾百萬元，寫出一本暢銷書可以有百萬元版稅。但這樣的專業，不是人人可以達成。終究，獲利的最大關鍵，因子是那個 X。

次數決定你的獲利效率

我從學生時代就開始工作，從最基本的打工賺取時薪開始，畢業後則直接進入業務領域，也接觸過不同的業務工作。在累積一定財富後，我也有了創業計畫，當然我也做了很多投資理財。因此，對我來說，《富爸爸，窮爸爸》所描述的 ESBI 四種理財模式我都經歷過。

其中 I 屬於投資領域，在此先不討論。單單從 ESB 這三個模式來看，我們就可以發現，賺大錢的關鍵，就在於「次數」。

次數之所以重要，因為次數的締造者，不一定要是獲利的本人。所以在公式裡，X 雖然和 T 要綁在一起，但 X 卻不屬於 T。

📟 傳統的賺錢模式

X 和 T 屬於同一個人。

例如美髮師，做一個人的頭髮，賺一個人的錢，次數 X，指的是美髮師幫人做頭髮的次數。同樣的，傳統的業務工作，好

比初期的保險銷售，也是如此。你賣一張保單，花的是自己的時間，當然，因為單價可能比較高，所以能幹的業務，年收入可以達百萬元甚至千萬元，但基本原理，還是用自己的時間來跑這個公式。

真正賺錢的模式

賺錢的真正關鍵，就是 X 和 T 不能屬於同一個人。

這其實也就是 ESB 中，為何 B 象限的人可以賺大錢的原因。

1. 身為一個企業家，擁有企業，也就擁有很多人，這些人每個人賺的錢都跟你有關。所以一家公司的業務員，用自己的時間賺取自己的收入，但一家公司的老闆，卻有很多業務員用他們的時間，為老闆賺取收入。

2. 擁有一個平臺，好比說開設一個網路商城，販賣你設計好的商品。在這種情況下，X 代表的次數，也不是屬於同一個人的次數。因為透過平臺，可以無限量的吸收消費者的報酬，次數是算在消費者頭上，但不耽誤到平臺擁有者的時間。

以上的道理許多人都懂，但如果開公司就能賺大錢，那人人都想開公司了，實際上，開公司需要很多的學問。所以上面舉的案例，都要有個前提，唯有「成功」的公司，才能賺大錢。同樣的道理，營運一個平臺，也等同開設一家公司，也是要有能力者才能獲利。

那麼如果暫時不打算開公司，或評估自己實力沒能力開公司。這樣的人如何善用「增加次數，就可以增加收入」的公式呢？

這就是本書的重點之一，要有效率賺錢，方法包括投入「跨國性金流」或參與走在時代尖端的虛擬貨幣等等，才能達到這個效果。

讓我們回到公式：

年收入（R）＝（次數（X）×時間（T）×單位時間報酬（W））＋（投資報酬（I））

在時間有限的情況下，除了開公司及打造系統外，怎樣讓X無限增加呢？也就是怎樣讓「別人的時間」變成我的時間呢？

當別人的時間變成我們的時間，同樣是 24 小時，但我若擁有一千個別人投入時間給我，我就擁有一千倍的獲利。

這就是需要兩個重大要素：

一、系統機制。

二、市場廣度。

以保險銷售來說，開始的確要靠一個一個去拜訪，那些年收入數百萬元的業績冠軍，往往都是日夜奔忙，用雙腳跑出一張張保單，雖賺到錢，卻失去自己的休閒時間。然而，在保險產業以及大部分的業務工作，一個資深業務經常會擁有所謂的「轉介紹系統」。

以世界知名的銷售之神喬吉拉德來說，他賣出的汽車數量總數超過一萬三千輛，一個人再怎麼認真銷售，怎麼可能賣出那麼多輛？原因是到了後來，他不需要親自去賣車，單靠客戶介紹客戶，就已經有源源不絕的訂單。

同樣的，任何的業務工作，做到一定的資歷，擁有相當數量

的客戶，同時你的售後服務真的受到肯定，那麼你也會像喬吉拉德般擁有源源不絕地轉介紹客戶。

然而，即便如此，為何我說房仲產業、汽車銷售業，以及保險產業等等，年收入還是有限。關鍵因素在於系統機制有其限制，有些行業甚至少有轉介機制，好比說靈骨塔銷售，就比較難有「轉介紹」，另一個重點就是少了跨國機制。

這也就是為何組織行銷產業，業務高手們可以做到年收入數億元，但這樣的成績，在保險產業或其他行業的業務卻很難辦到的原因。

唯一可比擬的就是創業開公司，當經營跨國事業或者從事跨國貿易，同樣也可以將市場擴展到全世界。但如同前述，公司經營又是另一個領域的專業。單單以業務來說，為何組織行銷產業可以獲利高，並且可能高過其他行業的業務很多。原因就在：

一、組織行銷產業的系統機制，適合用來擴大你的 X

組織行銷產業最大的重點，就在於次數，透過制度，可以讓別人的時間都變成你的時間。你的收入包含你自己賺的錢，還包

括夥伴協助賺的錢，當然總收入會變高。

二、市場的廣度

　　當傳統的保險產業或其他業務工作無法拓展到海外時，組織行銷產業卻可以透過跨境電商，讓 X 的基數變得很大。保險業務員雖然也是可以賣保單給海外的朋友，但這種案例非常少。但組織行銷商若經營得法，卻可以在海外開闢大市場，以我本身為例，我就在十六個國家擁有客戶。

年收入（R）＝（次數（X）×時間（T）×單位時間報酬（W））
＋（投資報酬（I））

　　當這個 X 大到數千甚至上萬的時候，R 的數字當然就可以很大，這就是跨國性金流的魅力。

第二部

成功總有好方法

業務技巧篇

做出選擇中的選擇

努力重要，選擇更重要，這點大家都已經知道。

然而，什麼是選擇？從什麼時候開始選擇？也就是「選擇中的選擇」可能更重要。

以颱風天放假為例，中颱來襲，風雨漸增，但颱風具體規模動態仍不明。上百萬市民正守候在電視機旁，等著市長下決策。這時候市長應該做怎樣的選擇呢？除了要不要放颱風假這個大前提的選擇外，還可以分成放半天還是放全天？是停班停課？還是只停課不停班？抑或局部鄉鎮停班停課？

除了以上這些「選擇」外，其實還有一個選擇之上的選擇。那就是選擇要早點選擇或晚點選擇？選擇自己選擇，或者交由專家選擇？交由團隊選擇？包括不選擇，也就是順其自然，也同樣是一種選擇。

像颱風這樣的事情，一個決策影響可不小，重則關係到人命，決策錯誤又會被批擾民。理論上臺灣的防颱經驗都已經有幾

十年以上，各縣市政府應該非常容易做選擇，但實際上直到 2017 年為止，因為決策錯誤引發民怨的事仍屢屢發生。

若有著專業團隊做後援，本身也是學專精有本事當市長的人，都那麼難以做選擇，遑論我們每個人要做的是有關一輩子生涯的選擇。

以業務工作性質來看，多年來我在增員以及人力資源規畫過程中，看過許多的案例。

原本可以有很好發展的年輕人，卻太早做出選擇了，他的選擇是什麼？就是選擇放棄，原因只因為一、兩次的被拒絕。

一個不錯的商機，當事人卻瞻前顧後，不敢太快做選擇。

一拖再拖，到後來也不必做選擇了，因為商機已逝。

在求學時代，將選擇權交給別人，最常見的是交給父母。父母要你用功念書，將來當公務員就好，於是你就抱著這樣觀念成長。不幸的，後來公務員職缺越來越少，且競爭者眾，你卻除了公務員工作外，沒有其他生涯構想。

另外就是將選擇權交給朋友，人云亦云。若不幸交上了壞朋友，青春大半歲月都浪費在電玩以及遊蕩上，等到求職時候，才

發現什麼都不會。

這是三種我最常見的錯誤選擇，也就是：

A. 太早選擇：代表著未經過深思熟慮。

B. 沒做選擇：代表著逃避。

C. 讓人選擇：代表著沒有主見。

選擇是一種態度。錯誤的「選擇心態」，若不經糾正，那麼將來碰到任何事，都還是會犯同樣的錯。

因此我在增員的時候，主要不是看專業能力，不是看個性外向、內向，更不是看學歷高低，而是看他們做選擇時的態度。

有的人以為業務工作，內向型的人可能不適合吧！

其實並非如此。一個人可能個性比較木訥不擅言詞，甚至跟人講話感覺比較靦腆，但若其「選擇心態」堅定，比起看起來樂觀外向但內心「選擇心態」不正確的人，還要來得適合業務工作。

我的團隊就有很多看起來比較內向的人，後來業績做得還不錯。我在增員時，會先看對方面對選擇時，態度堅不堅定。以下

各種回答：「我就做看看吧！」、「不知道耶！可能可以吧！」、「應該沒問題。」都會讓我聽了對其未來發展感到憂心。而且在實際上，抱著這類心態的人，多半都做不長久。

我自己當初加入保險業前，還是個十幾歲半工半讀的學生，因為打工時工作認真，被當初找我進保險業的主管相中，他主動找我談未來。當正式面試時，他就曾問我：「你真的想要賺錢嗎？」我點頭說「我想」。

他又問我「有多想？」我就跟他說：「從十五歲開始，我的人生目標就是想賺錢，到現在十九歲了，目標依然沒有改變。」

主管又問：「可是，你還沒當兵。若你當完兵後，會不會選擇不繼續做？」

我當時很誠實的跟主管說：「如果這一行業真的如長官您所說，可以賺很多錢，讓我達到有錢有閒境界，我肯定會一直繼續幹下去。如果不是這樣，我當然也可能不做。」

當時的我，心態就是那麼堅定，我已經做了選擇，並且成為我生活的一部分。果然，我後來加入保險產業，做得很不錯，也樂在其中。那時候的我，工作是如此的認真，我每天八點到公

司參加早會，之後一整天聯絡客戶拜訪客戶，通常忙到十點才回家。有時候我偶而七點多就回到家，媽媽還會嚇一跳，擔心的問我，是不是生病了？

我為何如此認真？

因為我在心態上，很早就做了選擇。

各位朋友，想想你現在是處在怎樣的選擇狀態呢？大部分人以為自己在做選擇，其實很可能正處於「過一天是一天」，也就是「拖延選擇」的狀態。

無論你現在處於什麼產業，擔任什麼職位，你是否很清楚，你為何選擇在這個時間點在這個崗位上服務？你是處在升遷的某個階段？還是處在累積資歷的某個階段？這些都要清楚明白，才能說是真正由「你」做選擇。

另一種極端的情況，今天提個案子被老闆否決，還被老闆指責了幾句，於是你火大了，甚至跟老闆頂嘴，豁出去說不幹了。

這也是一種選擇，但這樣的選擇是好是壞？是情緒選擇了你，還是你認真選擇了未來？

日後的成敗，就看你每個當下的選擇。

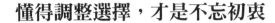

懂得調整選擇，才是不忘初衷

這裡，我們繼續來談選擇。

可能有人會問：「曾老師，這一章不是該談業務嗎？為何仍在談選擇？」

因為業務的成敗關鍵，跟選擇有很大的關係。記得前面說過師父與四個弟子的故事嗎？一開始做對選擇，影響未來發展甚鉅，做業務也是如此。

我原本從事保險產業，表現優異，經常可以去總公司領獎，但後來卻離開保險業。不是因為我意志不堅定，也不是我和誰鬧不愉快，不是我改變了初衷，改變了選擇。相反的，我忠於我的選擇，所以我必須轉換跑道。

選擇一定是分階段的。

就好像我們出門旅行，大方向要先決定，例如要去南部做兩

天一夜的古蹟巡旅。於是目標選定臺南，想去逛逛安平古堡、億載金城等地方，這是第一階段的選擇。

後來到了臺南，經過幾個商圈，發現臺南的文創非常有意思，我仍然還是去逛安平古堡，但安排更多行程去走逛海安藝術商圈，這是第二階段的選擇。

如果沒做好第一階段選擇，就沒有第二階段選擇。

即便做了第二階段選擇，也不代表第一階段選擇不對，只能說第一階段的「階段任務」結束了。

當我在組織行銷產業服務時，有機會邀請一些職場上的年輕人來參與，在和他們討論時，聽到的一些回答，很似是而非。

有人說：「我已經在這家公司上班了，我若離職，對不起老闆。」

聽來義正嚴詞，實際上是不敢逃離已經習慣的舒適圈。

有人說：「我當初答應爸媽，要去園區上班。我要遵守承諾。」

問題是當我和他對話時，正是嚴重不景氣的時候，他們公司也在放無薪假。

所以很明顯的，他是拿過往的承諾當藉口。

更常有人說：「聽人家說，做組織行銷很不好，一旦做了朋友都會和你斷絕關係。」

我就問他：「都是聽人家說，你自己又怎麼說？」

這是把既往的成見當成選擇依據。

要知道，我們是處在一個變動的時代。過往熱門的，可能現在已經退燒，曾經有負面形象的，也許後來轉型成新的模式。人要善於變通，懂得在適當的時候做轉換，這不是「見異思遷」的那種轉換，也不是「牆頭草」的那種轉換。而是深思熟慮後，站在原本第一選擇的基礎下所做的轉換。

舉個例子，曾經有段時間，網路剛剛風行，大家都說未來是網路的天下。那年代很多人架設網站，開網路商城，形成一大堆「達康（.com）事業」。

但那波網路創業潮，後來倒閉的機率其實很高。有人覺得這就像是從前歐洲的鬱金香熱一樣，網路創業畢竟只是曇花一現。

又過了一兩年，每當有人提到網路創業就被嘲笑。但網路創業真的是曇花一現嗎？如同現在人人可以清楚看到的，世界級首

富許多都是靠網路事業起家，網路興盛也大幅改變職場生態，一個懂得靠網路做生意的人，收入可能是一般上班族的十倍以上。這時有人就懊惱著，不是說「網路泡沫化」嗎？為何一轉眼，不走網路市場的人就都落伍了？

這就是「此一時彼一時也」。

選擇重要，如何在選擇的路上，適時的選擇轉換更是重要。

以我來說，我原本從事保險業，為何後來要轉換跑道？我並沒有改變初衷，相反的，是因為現實情況變了，為了繼續符合我的初衷，所以我必須換跑道。

我的人生目標是「做一個成功的生意人」，我的願望是賺大錢，但前提是必須有錢有閒，不能犧牲健康以及家人。保險工作雖然讓我收入不錯，可是我每天工作時間極長，這已不符合有錢有閒的初衷。並且我還發現了一件事，那就是我的收入已經到了一個瓶頸。

記得我當初剛進保險業時主管告訴我，他的年薪有五、六百

萬元，我當時聽了就很羨慕，這也是我想加入保險產業的原因，其符合我的目標：賺大錢。

然而年復一年過去，理論上，經驗豐富的主管，收入應該要逐年成長，今年五、六百萬元，明年就應該六、七百萬元才對，至少增加個幾十萬元也好。但實務上，我看到主管的案例，他的年收入卻是逐年遞減，後來甚至只有三百多萬元，已是過往極盛時期的腰斬。

主管不努力嗎？

有句成語說：「非戰之罪。」不是主管不努力，而是再怎麼努力，市場也發展有限。以臺灣有限的人口來說，我們周遭已經很少人身上沒個一張、兩張保單了，問題只在於要買幾張，以及要買哪種險？買多少額度？就好像我們去餐廳吃完大餐，有免費的冰淇淋自己舀，如果冰槽裡的冰都被舀差不多了，你就算再怎麼努力，連槽壁也去刮，能舀的冰也有限。

那時候我就知道，這已經和業務能力無關了，選對市場，才能擴展業績。也就是因此，後來有個機緣，我才轉換跑道去做組織行銷。

　　各位朋友，檢視你自己，如果你本身業務基礎能力還不錯，做事也認真，但收入卻難有突破，也許這時不是反省業績，而是要檢視市場。

　　是否所屬產業已是夕陽產業？

　　是否市場已經飽和？

　　是否市場已和大時代趨勢不同調？

　　如果，和你圓夢有所阻礙。那可能就是需要調整你「選擇」的時候。

業務是致富王道，市場規模是王道中的王道

記得前面說過，若以曾老師的模式來看，我的努力方向是什麼嗎？

我個人的期望很清楚，就是賺大錢。

也就是我希望代入數值後，以下的方程式可以使 R 值最高。

年收入（R）＝（次數（X）X時間（T）X單位時間報酬（W））
＋（投資報酬（I））

以此為前提，我們強調業務工作的重要：

只有業務工作，可以改變次數（X）的定義

諸位朋友想想，一般上班族的 X 是誰定義的？是公司定義的，是老闆定義的。

你工作多少小時，換取多少報酬，這是時薪制的概念。此時

67

的 X 代表的是你自己，你「自己」被時薪工作乘了幾次，就代表你年收入多少。

一般業務接案者（包含 Soho 族或小店老闆），表面上 X 不是被老闆定義的，因為講好聽點，自己就是老闆，沒人管你，但實際上，在這種狀態下，消費者才是老闆，這個老闆依然可以定義你的 X。基本上就是你服務幾次，賣了幾次東西等等，決定你的收入。

所以，除非單位時間報酬非常高（例如你是當紅的主持人，一小時開價幾百萬元），否則，光靠非業務工作，（次數（X）×時間（T）×單位時間報酬（W））得出的數字有限。

就算不直接從事業務工作，業務屬性也可以提升收入

許多企業都有這樣的規定，或許某個人屬於某個非業務職，好比說行政祕書，好比說美髮小姐。如果該員能夠在做好本身工作之餘，對拓展業務付出一點心力，就算只是那麼一點，也可以增加該員的「一點」收入。

好比說美髮小姐，做頭髮拿時薪，但她邊幫客戶洗頭，邊推

薦某種可以護髮的保養產品，客戶買單了，那麼她就有了額外的業務收入。

其他或許不那麼明顯，因為不直接算業績，但實務上也算是業務工作：

- 在辦公室裡善於溝通，建立很好人際關係的人，他的業務力有助其升遷。

- 開店做生意，雖是擔任基層服務員，但態度親切、善於介紹產品，就會贏得客戶稱讚。這種人如果沒被老闆提拔去當主管，那麼遲早會跳槽到更好的工作環境。

- 工程師除了維修，也善於介紹產品，提升客戶額外購買率。這樣的人才，可以轉往業務發展，收入會更高。

在臺灣的職場，有個很明顯的收入門檻。上班族的門檻，年收入百萬元已很難得，在國外，就算是上班族，也可能達到年薪千萬元以上，因為那家企業做的是國際市場。

專業人士的收入，差別可能很大。但基本上，只有幾種情況收入會很高：

- 在專業中做到頂尖

  好比說麵包師很多，但得獎的麵包師只有一、兩個。

- 專業中的獨一無二特色

  好比說人人可以賣紅豆餅，但我家的餅風味獨到，只有我做得出來。

- 特殊領域的專業

  例如會計師、醫師、精算師、國際證照心理治療師，這些專業人士的年收入可以很高，但如果單靠薪水，收入其實有限，例如大醫院裡的醫師，其實也只是上班族。只有結合業務工作的人，好比說醫師自行開業並做宣傳，那樣收入才會變多。

不同產業的業務，年收入依產業而定

基本上，業務的收入就是單件個案報酬（W）×個案數量（X）。

臺灣市場有限。一個東西若單價很貴，就代表買的人很少，

若買的人很多，就代表著單價不會太高。無論是何者，收入都有其上限。

成功的業務員可能年收入千萬元以上，但若要達億，肯定市場要超越臺灣範圍。

無論如何，就算業務領域本身收入參差不齊，但至少就「賺錢的可能性」來說，是遠遠比其他行業高的。如果我們要舉例說很多業務月收入也是只有兩、三萬元，或者甚至有些業務過得有一餐沒一餐的，那就是刻意去找負面的例子。畢竟，每個行業，有表現很好的，也有表現很糟的。

重點是，拿不同行業的頂尖好手並排計算出的收入排名，才是真正的收入排名。

一個人的能力值越高，受市場的影響性就越大。

好比一個能力平凡、工作態度得過且過的人，在小商店上班，跟在上市公司上班，可能收入不會差很多。

但一個業務高手，在一家小店上班，跟去上市公司上班，收

入可能就差好幾倍。如果一個在本土企業服務的業務，轉換到一個跨國企業服務，收入可能不只是一倍、兩倍之差，而是尾數多幾個零的那種差距。

我深信我是業務高手，所以我轉換跑道。

親愛的朋友，你想賺大錢嗎？你有實力嗎？同樣的能力，當然就要轉換到收入更大的市場。

說服別人前，先說服自己

在介紹跨國金流前，我要多談談業務。

為何業務很重要？因為就算你懂得跨國金流，卻不擅長業務，依然是無法開拓你的財富之路。

曾經我有同學去海外遊學，過了兩、三個月他回國了，我問他，現在英文是不是突飛猛進啊？結果他的回答卻是：「沒有，我的程度跟以前一樣。」

明明都走向世界，跨向國際去遊學了，怎麼沒成長呢？

因為他住在華人區，整天還是跟華人一起生活。即使出門在外，也只像觀光客一樣四處瀏覽，真正與外國人交談機會很少。

這就好比一個人進入金礦礦坑，從頭走到尾，並且沒人跟他搶，但他還是一塊金子都得不到，因為他不懂得怎樣開礦。

業務還是基本功，跨國金流、跨國事業，只有在業務好的基礎上才能做到。

開貿易公司做生意，很好。但業務能力強的可以成為富翁，

沒業務能力的收入可能比上班族還少。

個人做跨境生意也是一樣，不論是透過網路銷售商品，或者像我所從事的組織行銷工作，客戶遍及十六國，前提都是要「主動去開發市場」。

我在公司裡訓練業務新人，我總是跟他們說，業務第一個要說服的對象是誰？就是你自己。

事實上，一般的業務之所以業績不佳，主因不是因為無法成功說服客戶，而是無法成功說服自己。

你是否總是預設立場？

預設立場是正常的，畢竟人一定要有個基礎立場，才能面對外界。但如果是錯誤的預設立場，那就是自己成長的絆腳石。

以我在業務培訓的經驗，最常見的兩種預設立場：

一、我不可能……

通常遇到這種情況，我必須努力增強他們的信心。畢竟，若遇到一個沒自信的人我就放棄，我也不必當培訓主管了。

最佳增強信心的方式，其實就是以我自己做實例。

我本身非財經背景，也沒經過專業業務培訓。但我二十歲那年，初投入保險產業，就在全國五百多位新人中，得到前幾名的佳績。先有態度，再來講技術，不要認為自己不可能，能力都是練出來的。

二、對產業的排斥

很常見的排斥，包括對保險、對組織行銷，乃至於對各種業務工作，都有排斥。許多人夢想賺大錢，他們的願景是開公司當大老闆，但他們不知道，那些大老闆，多半都是業務出身。而最受大家排斥的行業，往往就是可以賺最多錢的行業。

我自己家裡從前也很排斥保險，有保險業務人員來我們都嫌惡地避開。

直到因為一個親友的關係，幫我父親保險，後來我父親生病長年洗腎，因為保險省掉很多費用，家人才對保險改觀。

當我們不預設立場，就會發現那些你有著錯誤觀念的行業，往往是可以幫你帶來收益的行業。

🅟 你是否錯誤定義業務？

我自己本身是業務員，但卻也常常對某些業務員的行徑感到困擾。例如，想去看電影，被信用卡業務員纏住，使用的招數無所不用其極，強調可以拿贈品，女孩子還使出媚功，親密地拉著你要大哥買一張啦！甚至還「偷偷」跟你說，其實你先簽約，等拿到贈品再剪卡寄回就好。

身為業務，我很佩服努力做業績推廣的人，但卻不認同錯誤的業務心態，也就是「只要把商品賣出去就好，過程不重要」的心態。因為他關心的只是「他自己的荷包」，不是客戶的需求。

我覺得就是這類的業務員，破壞了整體業務形象。我自己從事組織行銷業前，有很長一陣子也對組織行銷產業有負面印象，後來才知道，其實大部分負面形象，都不是公司本身的問題，而是業務人員的問題。如同前面那個例子，我不會排斥哪家公司的信用卡，但我排斥的是該業務員推銷業務的態度。

如果你對業務有著錯誤的心態，當然就無法說服自己。我看過許多人，因為失業了，必須找一份工作維生，很多業務工作多少都還是有底薪的，就抱持著「先混個生計」再說的心態。這種

人一開始就不認同自己的工作，當然不可能做得好。

　　還有很多業務，看起來中規中矩的，按公司規定去推展商品，但甚至連跟朋友自我介紹都不敢，例如我現在從事的組織行銷，如果連面對自己家人都不願意說自己在做哪行，我覺得這樣的人成就也有限。

　　甚至客戶在買你的商品前就發現，似乎這個業務員比他本人還更早拒絕這個商品。若是如此，那真的就很悲哀了。

　　在市場上做銷售，隨著市場邁向國際，我們可能的收入就越高，並且是倍數增長的高。

　　然而基本的前提還是不變，要先走進市場，充滿自信的介紹自己的商品，認同自己商品，並且要很喜愛自己的商品。

　　對這樣的人來說，廣大的市場，才代表著真正的立基。

讓自己勇敢冒險

　　如果你這個月收入三萬元，過往幾個月收入也都是三萬元，在新的一個月裡，你的工作模式沒經過任何調整，月收入會突然增加很多嗎？

　　基本上是不可能，我們無法奢望在不做任何改變的狀況下，可以得到更好的結果。

　　成功一定來自於改變，但這卻也是大多數人的罩門。

　　幾乎任何人都害怕改變。這裡指的當然不是今天穿這件衣服，明天換另一件衣服的那種改變，而是有關生涯方面的改變。任何人都會擔心，但一個人能否成功的關鍵，就看他如何面對「害怕改變」的心境。

　　以生涯來說，面對改變有三種基本的類型：

　　1.　根本就不知道可以改變的人，也就無所謂害不害怕。

2. 知道有某種改變選擇的人，但因為害怕而選擇不改變。

3. 知道有某種改變選擇的人，雖然害怕但仍選擇改變。

往往那些成就大事業，能夠賺大錢的人，都是願意選擇改變的人。

其實在以上三種基本類型外，還可以延伸出很多其他類型。例如知道有某種改變，最後選擇不改變。其過程可能是考慮很久，耽誤改變時機，或者一開始就自認不可能，完全不想改變。

無論何者，最後結果都一樣。就算選擇改變，也有大破大立跟東摸西摸猶疑不定的改變，往往前者才能有大突破，後者成就則不一定。

以創業思維來說，當面對改變，很多人會想，現在上班生活雖然不怎麼滿意，但勉強還過得去，要我去創業，那多累啊！萬一失敗，不但沒賺錢，還面臨失業，那多可怕啊！

另一種人選擇改變，但為求安全，選擇仍在原公司上班，只用假日兼差。打這種安全牌的人有沒有成功案例？當然有，任何事都可以有成功案例。但以我的經驗來看，這種抱持「進可攻、

退可守」心態的人，往往一開始就沒打算全力以赴。

這樣的人，有很高的比例，說是兼差，兼到後來就逐漸退出市場，少數的例外，兼差後來成為正職。真正做業務成功或創業成功的，通常是因為其他因素。例如家人生病，有經濟困難，逼得他必須賺更多錢，這類額外的壓力，才能讓轉型真正成功。

這世界上，要有大收穫，不免還是要敢投資。

就算是要設陷阱捕獵野獸，也需要捨得放上誘餌。

我們不能一方面想要賺大錢，一方面又想要舒舒服服的照原本工作模式在辦公室等上下班。

當然，凡事都有例外。

回到一開頭的問題，如果你這個月月收入三萬元，過往幾個月月收入也都是三萬元，在新的一個月裡，你的工作模式沒經過任何調整，月收入會突然增加很多嗎？

其實還是有可能的，例如老闆突然大幅加薪或者中樂透等等，但撇開「腦筋急轉彎」模式，正式來問這個問題。工作模式

沒改，可以大幅增加下月收入的一個可能性，就是事先已經建立一種機制，那個機制，可能前幾個月還沒有產生效用，下個月突然發威了，就可能帶來這樣的收入。

以獲利公式來說：

收入（R）＝（次數（X）×時間（T）×單位時間報酬（W））得出的數字有限。

那個X，肯定不是原本單靠時薪，或個人勞力計算的模式。而是靠某種機制，讓X代表的不是你個人的次數，而是被消費的次數。

符合這樣模式的，有一個著名的的例子，如同眾所皆知的，就是組織行銷產業。組織行銷業，一開始需要辛苦建立起自己的系統，等時機到了，可能這個月的收入仍有限，下個月就業績大幅成長。

當然，這也都是要靠一開始的抉擇，你是否敢大膽冒險投入這個行業。以我所見的案例來看，靠兼差賺錢的雖不少，但要賺到大錢還是必須全心投入，必須勇敢的離開舊有的工作，勇敢的放棄每月領薪水的工作，勇敢的讓自己不要被企業保護，不要再

想著有某個機構會每月固定給你錢。

只有建立這樣的確信，知道自己沒有退路了，只能努力做業務拓展生計，這時候，才可能打造一個屬於自己的賺錢機制。這樣的機制，才可能讓你的收入突然增加。

人生不是大膽冒險，就是一無所獲。

我們常聽說許多負面案例，諸如投資什麼生意，被騙光所有積蓄，或者創業開店，最後血本無歸。

負面例子很多，這是一定的。如果生意那麼好做，錢那麼好賺，那就不叫「冒險」了。如果大家都不用冒險就可以賺大錢，那機會哪還輪得到我們？

因此，關鍵還是要冒險。但這種冒險是靠努力及用心就可以突破的，而非賭博看機運的那種冒險，也不是做犯法或不合常理事情的那種冒險。

仔細想想，許多人不敢冒險，並不是害怕碰到毒蛇猛獸，或者什麼重大難關，其實大部分人不敢冒的險，不過就是「不敢改

變原來生活」而已。每當有人投入冒險，他們可能還會潑冷水。最常見的是從事組織行銷產業，親友便會說，那都是騙人的，你不要再跟那些壞朋友在一起了等等。

然而，我必須強調，包括我後面要介紹的跨國金流，或者就算在臺灣本土市場，想要擁有百萬元、千萬元以上的收入，前提就是要敢冒險，突破自己的自我設限。

那麼，那些美好的願景資訊，才是和你有關的資訊。

成功業務人的三大基本要求之一：生涯定位

喜歡車子嗎？擅長開車嗎？

不論我們喜不喜歡車子，至少我們都搭過車子。車子不論本身的廠牌性能或配備如何，最基本的功能，就是將一個人從甲地載到乙地。

若無法做到這樣的要求，車子就只是一個小空間，可以遮風避雨，但無法提供舒適睡眠。我喜歡用開車來比喻業務，其實各種職涯都可以用車子來比喻。

我們每個人就像是一部車，資質較優異的可能是性能較好的車，稍稍魯鈍些的是普通車，無論如何，車子都有基本的性能。上班族，就好像在一個固定的小區域內開車往返，路程安穩，但如果車子本身性能很好，就未免有點可惜。

而如果選錯行業，或從事不喜歡的工作，就好像把一輛好車丟在垃圾場或髒汙的地方，車子久了會髒，並且容易耗損。

若以業務角度來看，成功的業務需要以下三大基本要求：

一、要做好定位。

二、要時時修正。

三、要與人為善。

這裡先來談定位。

在職涯發展上，特別是做業務工作，定位非常重要，就好像開車要設定目標，抓穩方向盤一樣。這件事看似簡單，實際上卻是多數人都做不好的。

車子本身性能沒問題，但抓方向盤的手，卻經常猶疑不定，車子也開得不穩。更嚴重的情況，是開車開得心不甘情不願的，就好像有人從事一個工作，卻抱著很大委屈似的。

以我自己的工作團隊來說，我非常強調，大家一定要樂在工作，如果有人做得不開心，我會請他們真正想清楚，是否真心覺得要從事這樣的業務工作。我的團隊取名為「OK 樂生」，我衷心希望我團隊的每一個成員，先是喜歡這個工作，認同這個團隊，最後當然是人人都可以輕鬆快樂賺大錢。

但我們不是採取自我催眠的方式，要大家快樂。不論是過

往從事保險業，以及現在從事組織行銷業，我總是事先說清楚講明白，業務工作不是不勞而獲的行業，業務相對於一般上班族生活，會比較辛苦。

我反對有許多組織行銷從業人員，喜歡採取半誘騙的方式招攬成員，當邀請朋友時，不敢明說自己的工作屬性，而先用其他藉口將人帶去會場，再逐步說出本身企圖。或者企業招攬新人時，一味只打高空講美好願景，卻不肯實實在在地說明運作上的困難。

好的事情是不怕檢驗的。同時，很重要的一點，當我們做生涯定位時，要先確認自己所駐立的點，若連這個點都不敢承認，那談什麼定位呢？

記得當年我剛加入業務工作，在上業務培訓時，講師第一堂課就是強調這件事。

定位不只是確認自己所屬的公司、產品，更重要的定位，是定位你自己。

如同一塊木材，被定位為棟梁，就能身處廟堂，香火繚繞，受人膜拜。若定位為棺材板，就被埋入地底，與蛆蟲同朽。

在任何一個企業，一個人若只定位自己是員工，他就只是基層員工，該做的事按上級交辦的去做，不屬於份內的事，管都不去管。但若定位自己是將來的主管，那就會主動關懷每件事，願意積極為組織規畫更多事。

老闆喜歡對員工說把公司當成自己的家，這是一種境界。有的人內心想「我幹嘛把這當家？賺的錢你又不會分給我。」當這樣想的時候，就已經自我定位和老闆產生對立。當人和人間產生對立時，雖然彼此不言語，但那種氣氛還是會感應到的，你想，公司會願意栽培一個和自己對立的人嗎？

可以做一個測試。

公司六點下班，五點半的時候，忽然一通電話來了一個消息，某某企業決定採購本公司的系統。這是一件喜事，但有個小小的代價，今晚大家都要加班，明天準備和客戶做進階簡報。

如果一個將自己定位為員工的人，此時一定唉聲嘆氣，「啊！又要加班了，今晚的約會泡湯了。」內心暗罵這裡是血汗

公司。

但一個將自己定位為公司一分子或將自己定位為正努力學習成長的人，他會非常高興，「太棒了，公司接到新的訂單了，公司好就代表我好。有了新客戶，我也就可以有機會拓展自己的新視野。」

同樣一家公司、同一個任務，不同的定位造就不同的心境，也會導引出不同的未來發展。

當一個人決心投入業務工作，這是一個大的抉擇。如果原本是坐辦公室的人，願意嘗試大改變，投身業務屬性工作。例如加入組織行銷產業，每月賺多少錢便由自己決定。

這時候更考量一個人是否有能力自我定位。

以前在企業上班，可能每天的工作分配、如何職場定位，都由主管幫你決定。但加入組織行銷後，每個人其實都是自己的事業老闆。這裡有團隊，也有上級資深前輩輔導你，但在營運性質上，每個人應該都要把自己當成獨立營運商。

我看過許多組織行銷人，後來經營不下去，因為一開始心態上就沒轉換，還是把自己定位成「需要被照顧的人」。於是任

何問題，都來找上級資深前輩，碰到狀況，就問領導。很多人對組織行銷有一種迷思，認為這是團體作戰，反正我負責把人帶過來，上面負責說服客人，我負責賺錢。

必須再次強調，業務工作絕不是想不勞而獲者適合從事的行業，收穫之前，必先付出。

先將自己定位好，才能往新的境界發展。

成功業務人的三大基本要求之二：時時調整

假定今天我們把身上全部的積蓄投資下去開了一家店，沒有退路，失敗了就是破產一無所有。再假定，開業至今三個月，業績都偏平淡，虧損逐步累積。這時候身為老闆的你會怎麼做？

你會像員工一般，每天留意著打卡鐘，六點到了就下班，還是會想方設法，連睡覺作夢都在想，怎樣快速提振業績，讓店面生意好起來？包含發傳單、網路行銷，甚至在街頭上哈腰低頭拜託客人上門，身為老闆的你絕對什麼都願意做。

因為你是老闆，你自負盈虧。

同樣的，上一節講到的自我定位，不論你是企業裡依業績計算報酬的業務員，或者從事組織行銷事業，在定位上，就是要把自己當老闆，我沒看過不把自己當老闆的人，而能成功的。那種只關心上下班時間，只想做表面功夫給老闆看的人，不可能在這領域成功。

在定位之後，接著要時時修正。

再以開車來比喻，定位就是確定車子要開往的方向，抓穩方向盤。而修正就是車上裝的導航器，從甲地到乙地，一定不是一條直線，肯定是要彎彎曲曲，經過多次轉彎，多次調整，從事業務工作也是這樣。

為什麼要時時修正？因為我們處在一個每天都在變動的時代。在企業上班的時候，員工不怕變動，不是因為大環境沒變，而是因為變動已經被老闆承擔下來了。在公司制度不變的情況下，不論公司經營碰到什麼狀況，員工都是領固定的薪水。

但身為業務就不是如此。

什麼在變？幾乎每件事都在變。今天碰到的客戶喜歡感性的訴求方式，明天碰到的客戶卻重視數據分析，一個業務要準備無數套劇本，來面對不同樣的客戶。

大環境任何一個風吹草動，身為業務都要據以調整自己每天戰略，例如最近流行重感冒，拜訪客戶要戴口罩。整個社會氣氛強調環保，我們和客戶交流也要聊環保。經濟不景氣，擔心客戶也受波及，在介紹產品時就要留意如何報價。網路時代，客戶進化到用手機支付款項，我們的收款流程也要配合調整。

這樣的變，每天都在發生。並且，不要指望誰來教你，因為你自己就是老闆，除非你自己要將自己再降格為低階員工，否則你就必須自己扛下所有的挑戰及難題。

身為業務員，即便我另一個身分是講師，經常到處演講，但我更常扮演的一個身分，其實是學生。

就算我已經是培訓講師，我還是必須不斷的上課學習，因為有以下幾個原因。

永遠會有更好的方法

所謂天外有天，人外有人。

以前賣產品要和人面對面，後來發現，透過公眾演說可以影響更多人。但不論如何，仍是面對面，只是面對的是更多的人。接下來發現，可以透過網路、藉由視訊，不用在現場面對面，也可以介紹產品。

也許從前你使用某種方法，做得很成功。但時代在變，若哪一天你那套方法過時了，你不就完了？所以總是要持續讓自己學習最新的事物。

再者，就算你的舊方法還可以用，難道你不想要開發更多客戶嗎？藉由學習，永遠讓自己有機會，好還要更好。

🅟 銜接你的新成長

人類的文明，是累積的。否則以人壽有限，每一個人都活不滿百歲，新人又從零開始，文明永遠無法成長。大家都是站在舊人的肩膀上，攀登新的高峰。不透過學習，你又怎麼知道有新的技術、有新的觀念、有新的商機？

我看過同一期進來的新人，兩人資質相同，也都願意從事業務工作。其中一人經常去上課、聽演講，並將所學轉化成新的業務助力。半年過去，這位經常學習的業務，業績已經領先另一位兩、三倍，過沒多久，那位不愛學習的新人就主動退出，被市場淘汰了。

學習可以改變的不只是你接受了新知，更重要的，是改變你的思考習慣。一個不愛學習的人，可能會將自己侷限在一個有限的觀點裡，並且還得意自滿，以為自己很不錯了。

常學習的人，會養成一種習慣，知道自己有所不足，知道在

想事情時，不要給自己太多框框，因為他吸收到很多的新知，了解到更多的可能，碰到事情也可以做更多的發想。

當然，學習只是第一步，修正則是第二步，有第一步卻沒第二步，那就只是紙上談兵。不只是業務工作，我們看許多的長青企業，他們之所以可以存活幾十年甚至上百年，中間一定經過許多次的調整。

甚至可以說，他們每天都在調整，每天都要比前一天進步一點點。有修正，企業才有新的發展。有修正，業務工作才能越做越豐富，連客戶都會覺得你是有趣的人。

我自己的學習方式，主要是透過閱讀以及聽演講。

我總是跟我的團隊說：「修正為成功之母。」

不斷的檢討，你會讓自己方向更正確。否則不斷在舊的模式裡做，那就只是在「做」，很難有更好結果。

你現在的人生是由你過去累積，你要讓未來更好，就必須調整、調整再調整，修正、修正再修正。

成功業務人的三大基本要求之三：與人為善

在某辦公室，有一個職員，接到一通客戶來電，說最新的一批貨似乎有些品質上的問題，要公司派員過來處理。這個職員匆匆在記事本上，抄下客戶反應的事情，接著自然而然下一個動作，就是拿起記事本，準備跑去敲總經理的房間門。

這是過往的既定流程，反正員工碰到狀況，就和總經理報告，然後由總經理交辦怎樣處理。但這回，他走到總經理辦公室門口，卻看到了上面貼了一張布告：

這裡是總經理辦公室，任何人要敲門前，

請先針對你要報告的事提出三個解決方案，

想清楚了，再進來。

於是職員們終於開始學會，碰到事情，自己要先思考解決方案。總經理是指導你的方向，但不是你的問題處理機。

依賴是一種壞習慣，也是許多人成就有限的主因之一。

在上課的時候，我喜歡和學生互動，我會提出問題，由他們自己來想答案。

例如我會問他們，請問如果讓你選擇在客戶印象認知裡，把你歸類為某種人，你希望你是哪種人？

學員的答案豐富多樣。要讓自己成為最專業的人、要讓自己成為最可以信賴的人，要讓自己成為最想跟他買東西的人⋯⋯

當然，這題目沒有絕對的標準答案。但我總是跟學員們分享，我希望客戶覺得我是一個讓人相處起來覺得舒服的人。

是的，永遠讓自己成為一個讓人覺得舒服的人。

你很專業，那很好。你讓人值得信賴，那也很好。但不論如何總是有點距離，有點壓力，人與人間有壓力就不好，就難以長久。就好像你希望夫妻間相敬如賓，還是彼此融洽，在另一半面前永遠不需要壓抑自己？

如果我們可以做到，讓客戶、讓廠商、讓同仁、讓任何陌生人，覺得跟我相處，就是可以放鬆，可以覺得舒適自在。你還

會擔心你生意做不成嗎？你還會擔心你想傳達的想法，不被接受嗎？至少，可以進入好好商談的模式，而不必想方設法去做很多的客套社交。

讓自己成為舒服的人，不是一種靠信念就做得到的事，而是要經過長期的累積，一方面內心要真的具備真善美的正念，一方面經過長年的實戰用心，累積了專業感。不一定要說出來，但你的氣質就是可以展現出來。

若以開車來比喻。就好像我們開車，難免會遇到種種狀況，會遇到塞車，會遇到紅綠燈，會遇到不同地形，可能偶而迷路，甚至不小心有別人的車來擦撞我。

不要假定永遠都不會遇到狀況，要讓自己成為遇到狀況，都可以自信面對的人。

在業務職涯上，你不可能每天故步自封就得到成長，一定也是遇到很多狀況才有成長。說起來，業務工作的一大優點，正是可以每天遇到不同的人。以現代人愛玩的線上遊戲術語，如果每遇到一個人就可以累積一個經驗值，身為業務的你，肯定會比一般傳統行業，累積最多的經驗值。

這經驗值的另一個說法就是人脈。但如果只是認識的人很多，那不是實用的人脈，唯有當你認識的人可以和你有良好的互動，才是美好的人脈。

我對於人脈哲學很重要的觀點，說起來簡單，但做起來不容易。那就是要養成「注意別人感受」的習慣。

我見過太多的業務朋友，介紹產品時，只知道一味地自我推銷。或者出席某個場合，永遠只想讓自己成為注目焦點，但人人都希望得到關懷，就算你是大老闆，若一味逞老闆權威，也不會得到大家的尊重。

我見過真正成功的老闆，反而是非常謙和的。

前輩教我們：「做事高調，做人低調。」做什麼都要用高標準要求自己，但與人相處，永遠要尊重別人，永遠要多花一點心思，替別人著想。

如果做人成功，那可以肯定，做什麼事都比較容易成功。如果做人不是那麼成功，事業也不一定不好，只要懂得用人就好。許多的大老闆，也許本身高高在上，不易親近。但只要他聘請的經理人很懂得交際手腕，一樣可以讓生意有聲有色的。

當我們是獨立業務人時，自己就是老闆，要做好自己的人際關係。但就算我們是團體生活的一份子，也要做好這件事。

很多公司一進去就感覺到氣氛冷漠，那種冷漠，跟有秩序是不同的概念。有的公司氣氛安靜，大家守禮，但不會感到冷漠。真正的冷漠，是因為這個空間的人，彼此不把別人當朋友。

我自己本身，不論去哪個場合，就算對方是陌生人，見面時我也都會打招呼，給他溫暖的問候。只要一個人願意這樣做，就可以改變在場的氣氛。當然，有的人可能覺得，職場是弱肉強食的社會，許多人表面上給你笑臉，私底下狠刺你一刀。

這裡不談職場厚黑學，但我覺得至少在組織行銷產業，比較沒這種問題，當傳統產業同事間彼此是競爭關係時，組織行銷卻強調，你要幫助別人賺錢，自己才會賺錢，這也是我喜歡這個行業的原因。

無論如何，做好自己和諧與人相處的本分，不要被外界負面情緒影響。

最終業務累積的人脈能量，都是屬於你的。

第三部
要賺天下人的錢
跨境事業篇

人人需要參與跨境事業

　　別說我們知足就好，別說我們安分守己、敬業樂群就好。當大家成長背景及資質都差不多，甚至銷售的產品也類似，但別人比你花更少的時間，收入卻是你的好幾倍。那麼，這就不是「知不知足」的問題，而是我們「有沒有跟上時代」的問題。

　　人人都需要參與跨境金流，這無關貪婪與否，也不代表我們滿腦子都是錢，而是我們必須有更高格局的思維：

- 當我們的專業，我們的優良產品，可以讓更多人看到知道以及用到，那是不是可以創造更大的價值？

- 當我們可以更有效率的為自己創造收入，讓自己更有能力照顧家人，或者投入公益，這樣的人是不是比故步自封的人更具責任感？

- 當我們可以用更少的時間創造更大效益，生命就會有更多的可能。你可以去阿拉斯加看極光、去非洲遊沙漠，可以有更多時間學習不同領域的東西。

　　跨境金流，不是甲比乙「賺更多錢」的概念，而是完全不同的營運模式。就好像有兩家雜貨店，甲店比乙店善用霓虹招牌，懂得發折價券，這是甲比乙懂得賺錢的概念。但大賣場的出現，壓過甲和乙，那就是全新的模式。而當 PCHOME、淘寶網等平臺出現，就又是另一個全新的模式。

　　在過往幾千年的時間，銷售的模式變革許多世代，從最傳統的以物易物、攤商、小店面、到現代化的種種商店以及大賣場，乃至於現在非常普遍的各種 B to C 網路交易平臺，商人歷經不同的轉型。然而史上第一次，平凡人也可以用小資本賺大錢，卻是這十年以內的事。

　　以前，投資大賣場、生鮮超市、乃至於在巷子口開間雜貨店都需要資金，當資本家可以砸重金營造美麗的賣場環境，小老百姓們則完全無力在銷售這件事上與之抗爭。

　　在工業時代，商人就等於有錢人，有錢人才有能力負擔買與賣間交流的大量預付成本。

　　就算網路時代興起，剛開始經營網路商城，也需要很多費用，但已經讓小資族有機會和大企業家對抗了。不過個案仍有

限，因為經營自己的網路事業，其實就和開公司的道理一樣，必須禁得起市場考驗。有好商品的人，不一定懂市場開發，懂傳統市場開發的人，也不一定能在網路上找得到需要的族群。

直到種種技術的發展成熟，跨境電商才成為可能。

如今，投入跨境電商依然有一定的成本，畢竟天下沒有白吃的午餐，就算我們站在路邊賣便當，也得花錢做個看板寫上「便當」兩個字吧！但重點在於，因為各種技術的成熟，跨境電商可以讓沒什麼資金的人，用很低的成本，投入更大的市場，其成本比傳統經營網路商城賣場要低。

最大的差別在於，獲利的可能性大幅增加。原本你若進一批衣服，依照傳統的模式，自己在網路商城租個店面銷售，每月業績不一定。

有的賣家大紅大紫，成為千萬富翁，但有更多的店家卻是虧損連連。參與跨國金流，可以引領大家到一個新的境界，從此，就算一個大學生，也可以是一個成功的商人。商人已經不是有錢人的專利。

跨境電商，只是跨境金流事業的一種形式，但是屬於最現代

化的一環，這裡先從跨境金流講起。

基本上，只要做生意的範圍，超越單一國家，就算是「跨境」了。從古到今，懂得「跨境」的人，就掌握了致富的重大關鍵。

試想，如果長榮海運只在臺灣本島運轉，就只是觀光郵輪。鴻海集團若不跨境，可能就只是一家本土的黑手工廠。跨境金流最典型的事業，就是國際貿易。

在臺灣經濟起飛年代，有的人憑著一只皮箱幾個樣品，飛個幾趟參展，就可以帶來商機，賺的錢一定比在本土市場銷售多，因為可以得到海內外的訂單。

只不過，如同前面所說，這種跨境金流雖然可以帶來獲利，但參加者有一定門檻，不是資金要足，就是膽識夠有冒險精神。但「當老闆」這件事是門學問，不是人人可以從事的。

跨境金流也包括投資海外金融商品，同樣的，通常要有足夠的資金及專業。

但到了現代，跨境電商創造了一個新時代。

跨境電商（Cross-Border Electronic Commerce），指的是在一個無國界的平臺，透過分享經濟，達到人傳人服務或事業經營。

跨境電商和傳統跨境金流模式最關鍵差別，當然就是那個「電」字。在此，「電」包含網際網路以及大數據運作，也包含區塊鏈技術和高科技的金流物流。

網路商城，如果可以做到海外生意，這算是原始版的跨境電商，但真的很原始。真正的跨境電商，之所以成為可能，因為以下幾個因素的成熟：

一、大數據分析

在物聯網時代以前，網路只不過是把實體商品拿到網站上去賣，但背後沒有精準的管理以及族群分析。

透過大數據，比較精準的平臺才能誕生，包括會員資料、商品情報、以及最重要的，依不同屬性建置不同的個別銷售，才成為可能。

二、安全性技術

在網路交易剛興起時，大家最害怕的事是網路詐騙，所以大家對於上網買東西這件事，多數心存觀望。這方面的技術幾經改

革，網路 B to C 才逐漸普及，到如今，網路交易已大幅取代實體店面交易，1111 光棍節打趴所有實體賣場。

而最新的數據統計，以網路技術走在世界尖端的中國為例，在 2017 年，跨境電商交易額，已經占整體進出口貿易額的 20％以上。透過層層管控，交易安全已經不是問題。

三、金流物流及周邊結合

所謂跨境，這個「境」就代表國境，不同國家有不同貨幣、不同稅制，還有不同交易的法令。跨境電商時代，已經克服這些難題，只要單一平臺買賣就可以，這讓跨境金流蓬勃發展。

任何行業都可以參與跨境金流

你現在是在哪個行業服務呢？

也許你是個朝九晚五的上班族（但更可能的說法，是朝九晚八的上班族，因為大部分企業，上班族加班已經是常態）

也許你手上有些資金想要創業，但在這個年代，手中就算握個兩三百萬元，也難以在實體市場創業，好比說開家餐廳就要千萬元起跳了，只有百萬元，還不如繼續存在銀行。

也許你只是家庭主婦、學生或是退休的銀髮族。

無論何者，任何人都有權利和時代的趨勢結合，賺取更多的報酬。可能是為退休積老本，也可能是為了讓家人過更好的生活，誰說只有富豪才有權利經常出國度假呢？

那麼，參與跨境金流事業，可以是一大轉機。

請注意，我說的是「參與」。是的，因為已經有很多現成的平臺，可以讓就算手頭只有幾萬元甚至幾千元的人參與。但若有更多資金，結合各種跨境電商觀念及技術，不同的行業都能創造

新的發展里程碑。

為何手中資金不多，也可以參與呢？因為時代的**轉變**。

以電商這個概念來說，已經經過三次轉型，每次轉型都讓一般人的參與，更有可能。

電商 1.0

就是最早的 B to C 時代。簡單講，就是在網路上賣東西，這樣已算是電商。即便如此，也已經帶來很大變革，甚至顛覆了整個消費市場。

在電商時代以前，你有東西要賣？除非你是商人，否則不可能，頂多就是把自己的東西賣給左右鄰居，不然就得當商人，包括在路邊鋪張布擺攤然後跑給警察追，這也算是商人。

電商的出現，讓任何人，包括小學生，也可以在網路上賣他蒐集的卡通貼紙。但對非商人來說，這時候的電商趣味居多，很少可以真正獲利。

💰 電商 2.0

時代進階到移動電商時代，表面上好像只是把電腦介面移到手機上，實際上卻是全人類生活的大變革，連偏遠的非洲地區，人人也都是手上一機，生活再也無法和手機分開。

在此前提下，對一般民眾最大的影響，就是市場變大了，而且變得很大。以前會上網購物的人，可能只有少數人，上網購物又能逛到你的網路商城的就更少了。

但現在靠著手機，以臺灣來說，可說是人手一機，走到哪裡網路上到哪裡。以此為基礎，包括網路叫車、網路訂 Pizza，乃至於網路付帳，透過手機就可以在星巴克結帳，更別說是網路各種 B to B 或 B to C 銷售了。

💰 電商 3.0

電商 2.0，網路應用更廣泛，但對大部分人來說，仍是扮演消費者的角色居多。那些賺大錢的是傳統商店升級成網路版，或者懂得寫程式進階各種 APP 應用的人。一般民眾生活更便利了，但很少人透過電商賺錢，更別說是跨境電商了。

　　然而，到了電商 3.0 時代，也就是社交電商時代。這時候，一個個平臺已經不只是個買賣平臺了，平臺結合社群，是人人可以上網交流，並且結合系統做更大商業發展的時代。許多人已懂得透過臉書、LINE 群組等賺錢，而經常走在時代尖端的組織行銷產業也紛紛開闢自己的跨國生意系統，讓大家都可以參與。

　　為什麼說大家都可參與，我們可以看到，臉書平臺我們要投資嗎？ LINE 平臺我們要投資嗎？組織行銷平臺我們要投資嗎？都不用，平臺都已經有人建好了，我們只要上去賺錢就好，這就是電商 3.0。

　　如果不好好把握，就等於站在寶箱旁，卻不去開箱一般可惜。如果你是某個事業的老闆，包括你開一家貿易公司，或者你開一間禮品店，原本只是地方性的生意，那麼透過跨境電商，你的營業額將成長好幾倍。

　　記得第一章我們介紹過得獲利公式嗎？

收入（R）＝（次數（X）×時間（T）×單位時間報酬（W））

次數怎麼增加？好比說，原本是在臺中大甲賣芋餅的本土廠商，A 廠商用最傳統的方式，只有觀光客來訪時經過才會買，但 B 廠商結合網路做行銷，不只上網宣傳，也做網路銷售，B 廠商的營業額是 A 廠商的好幾倍。但不論何者，都仍是本土市場，X 的規模有限。

但 C 廠商，透過跨境電商，假定他結合某個直銷體系，將銷售戰線拓展到海外，包括中國及東南亞都有線。結果就不是 C 廠商比 B 廠商營業額多多少的問題了，而是 C 廠商可以成為大甲地區的龍頭，甚至有能力把 A 廠商 B 廠商以及各個在地廠商都整合起來的程度。那時候的 X 非常的大，如果一般店面銷售以千計，他可能已幾十萬計。

任何行業，不論是食衣住行育樂、農林特產、專業手工設計品或者你的個人化商品，如你的著作、你的有聲書，乃至於你的演講影片，只要你的產品或服務也可以適用在臺灣以外的人，那就一定要好好透過投入跨境電商的領域。

如果你只是單純的個人，好比說只是個上班族、菜籃族、學生等等，那麼，可以透過參與既有的跨境電商平臺，最大的成本

由那些投資廠商出，我們只要善用這些平臺就好。

　　以我的經驗，臺灣在這方面做得很好，可以讓一般人共同參與的跨境電商平臺，都是有規模，走國際化路線的組織行銷廠商。有機會，鼓勵大家可以多多參與。

上班族如何參與跨境電商

如同本書開頭強調的，我認為每個行業都是好的，我沒有預設立場，認為創業當老闆就比較有成就，上班族就比較沒出息。事實上，這個社會若沒有廣大的上班族在不同行業付出，整個社會不可能運轉得如此順暢，讓我們食、衣、住、行、育、樂都很便利。

但上班族也可以參與跨境電商，這可以分成兩個層面來說，第一是想轉型的上班族，第二是純粹想增加收入的上班族。

從第一個層面來說，「上班」可以說是大部分年輕人會走的路，不論是在企業裡當白領，或者在工廠裡做專業技工，乃至於在服務業當店員，只要認真付出都令人尊敬。

不過很多人會把上班階段當成人生的跳板，或者累積經歷的一個階段。對他們來說，若有創業的可能，還是願意轉型的，只因經驗不足以及資金不足，所以先成為上班族。

對於這類型的人，我的建議是：

還是要先從業務做起

我必須強調，人人都可以參與跨境電商，但即便是跨境電商，也不是坐享其成的行業，必須懂得業務及行銷。

因此本書也開闢專章介紹業務，因為就算有好的系統平臺，若不懂業務，或者根本就不喜歡做業務，那就算是市場擴展到國外，仍然無法企及。

改變自己的定位

既然認為上班只是一種轉型的過程，那麼這件事就必須要清楚明確，如果只是心態上「不喜歡上班」，這不算明確。唯有清楚自己定位，想要賺大錢，想要從事更大格局的事業，這樣投入跨境電商才有意義。

以前產品都是透過人傳人，跨境電商可以做到店傳店。但相對的，上班族有什麼東西可以「傳」，這是必先確認的事。

⬛ⓟ 慎選平臺

上班族為何可以參與跨境電商？因為已經有人建置好不錯的平臺。

以我熟知的例子，許多有組織有規模的組織行銷商，都已經建置有不同的平臺，但重點是這些平臺，加入都有一定的規則。上班族們不能夠抱著菜市場買菜，到處比看看的心態，這家逛逛，那家逛逛，今天參加這家覺得不錯，後來又三心兩意換其他家。平臺本身可能很好，但再好的平臺也需要深耕經營，三天撒網兩天曬魚的模式，是無法做出成績的。

⬛ⓟ 妥善規畫

跨境電商平臺，除了組織行銷產業外，也有其他個別的平臺，但主要差別是在理財模式。例如若善用中國陸金所、拍拍貸等平臺，在臺灣也可以賺到跨國的財富，但這些屬於理財的金流領域。純以事業經營來說，還是參與一個既有的平臺比較方便。每個平臺可能有很多商品，或者有的組織行銷體系有特定的商品如美容保養品等。

一旦決定參與，無論是平臺或商品，最重要的，參與者要能產生認同，並且願意投資時間。特別是上班族可能只有下班或假日時間有空，既然決定要轉型，初期可能要犧牲一下自己的休閒，等自己累積一定的實力，覺得收入至少已經可以和上班差不多時，再選擇正式轉型，這也是一種選擇。

以第二個層面來看，有的人個性不愛創業，比較希望過上班族式的生活，或者本身是家庭主婦，還是希望以照顧好家裡為重。但他們也希望可以透過跨境電商，帶來更多的收入，甚至若後來真的經營得好，哪一天真的轉型為一種正職，也說不定。

這裡我們以參與的角度來切入，首先，每個人要認知到，一個人可以有多重身分，今天我們在企業服務，就該扮演好員工的角色，我也不鼓勵員工上班時間偷偷上網做其他的事，這不是正確的態度。但當下班後，屬於自己的時間，既然想要拓展新的收入，那也就要扮演相應的角色。

好比說，如果真的想要在正職之餘，有個好的業外收入，並且經過實地了解，認可了某家組織行銷公司的制度，那麼，當你

坐在組織行銷的會場，你就要扮演好那個角色。

你要把自己當成是個老闆，是個自營事業者，因為組織行銷商，不是上班的概念，而是自己為自己事業打拚的概念。

比較不好的心態是，反正我白天有正職了，這裡我只是來「做看看」，這樣的心境，會帶來的負面效果就是，你可能不會有任何成績。所謂「心想事成」，你的心願只是心存觀望，那得到的結果，也就只是觀望。

最好的做法，你心中有個藍圖，例如老公的車子開了十多年了，車子都該報廢了，但捨不得買新車。身為太太的你，就想到也許我可以賺一筆錢送老公一臺車，給他個驚喜，當心中有這樣的願景，那麼，就不會只抱著「做看看」的心態做事了。

當然，就算只是業餘，只是下班時間參與，也是必須要找到適合自己的平臺。若是週一去甲公司，週二去乙公司，說好聽點是雞蛋不要放同一個籃子裡，實際上卻是腳踏兩條船者，哪裡都去不了。

平臺的選擇標準：

1. 公司的完整性。

2. 團隊的完整性。

3. 系統的完整性。

有些公司可能一進去聽，就覺得與自己的調性不合，不要猶豫，這不是你要的選擇。或者公司產品好，但團隊看起來無精打采的，那也不要浪費這個時間。

至於平臺，關係著是否可以真正開拓你的跨國金流，為你帶來生活改變，更加要用心選擇，一旦選了就專心投入吧！那麼，你也會是跨境電商一族。

業務工作者如何參與跨境電商

　　有業務底子的人，最適合投入跨境金流、參與跨境電商。因為跨境的概念，只是將銷售戰場擴大的概念，本質上依然是銷售。因此，原本就有經過銷售培訓的人，非常容易可以在這領域成功。

　　業務屬性的人，有一個特質，那就是時間比較彈性。多數企業中的業務，只要業績達到了，時間便可以靈活應用。但最建議的做法，如果發現某個平臺非常優良，可以充分發揮自己的業務實力，就是做生涯抉擇的時候，也許你應該轉行到這個新平臺所屬的企業。

　　好比說你發現在某個跨境電商平臺可以做得很好，而這個平臺屬於某個組織行銷體系，那麼，也許直接來這個體系做業務，會比在原來企業做業務然後兼差做組織行銷要好。

　　當然，為了不要讓大家誤會本書鼓吹跳槽，所以在此要進一步說明。

身為業務，要參與跨境電商，其實也有兩種模式。

1. 由自己產業著手的跨境電商。
2. 參與別的跨境電商。

業務也包括企業的老闆，好比說，一個小公司的老闆，他本身一定也是業務。

那麼，迎接新的時代，他可以試著讓自己的企業和跨境電商扯上關係。可以採取的方式有：

一、創建自己的跨境銷售體系

若本身有專屬的產品，好比說自己研發的清潔劑。那麼，身為老闆，可以傳統與現代兼顧，傳統的跨境金流是什麼，就是做國際貿易。

現代的國際貿易和過往的國際貿易還是不一樣，主要的差別，就是工具不同。以前的國際貿易可能主要靠廠商型錄，然後一家家用 Email 寫開發信。現代化的國際貿易，可以透過更多的

貿易平臺、電子型錄會員，也可以在海外的網路媒體登廣告。

至於現代的跨境金流方式，則可以聘請專業程式設計團隊，建立一個優質的跨境平臺，透過與海外企業結盟等方式，拓展自己的事業。

二、善於運用現有的跨境機制

現在在臺灣最流行的兩個公眾平臺，一個是臉書，一個是LINE，但這兩個平臺在中國市場都是不能使用的。因此，若要參與中國的市場，就要善用 WeChat 平臺，以及結合中國自己的網路體系。

現今的中國，是網路應用走在尖端的國家，特別是 FinTech 領域，領先世界各國。如果善加利用這些既有的平臺，可以成為方便的生意工具。

三、與不同國家結盟

所謂跨境電商，其實就是賺不同國家的生意。可以是在臺灣直接和海外的客戶接頭，例如一個住在中國山東省的消費者，可

以透過平臺跟在臺灣的你買商品。

　　但更普遍的做法，還是要透過當地的仲介人，這個人可能是經銷商，可能是零售商，若以組織行銷產業來看，那個人可能是某個區域的地區組織領導人。

　　這樣的人，一個人就代表著底下有數十個甚至數百個和他相關的人。若以傳統貿易的觀念來看，就等於你有產品，在中國的不同省份找到當地的獨家代理商一般。

　　若能找到這樣的人（以企業來說，就是找到這樣的合作公司），並透過網路系統做金流交流，也是可以投入跨境電商。

　　以上是以老闆的角度。若以業務的角度也一樣，只要將上面所說的老闆，都套成業務就好。

　　一個業務人員可以提案，以提升公司業績的角度做思考，老闆一定不會反對。身為業務，就要負責去談生意，包括前面說的在當地的代理商，也是透過好的業務才能談成。

　　接著來說說第二種模式，也就是個別業務，想要發展自己的另一種人生。其基本觀念也是和上班族想轉型的概念一樣，只不過，若身為業務，那麼對自己應該有更高的期許。畢竟，業務工

作者本來就要有面對更多挑戰的勇氣，在投入跨境電商領域時，也要有更積極的作為。

對於業務，這裡要特別強調的，還是心境上的轉變。

如果本身原本是保險業的，是不是有心想讓自己跳脫舊有的格局？所謂跳脫，不是放棄的意思，而是願意在原本保險的領域外，多學一個新領域。

我見過有些業務人員，只懂得自己原來的專業，對於外面發生事情，不想知道，也不想嘗試，這是一種不敢跳脫出舒適圈的壞習慣。業務工作者，總是要先敞開心胸，願意接受**趨勢**，再來投入跨境電商，才會有發展。

基本上，一個業務如果在原本的領域可以做得很好，那麼換到跨境電商，也一定可以做得很好，重點在有沒有用心。

不論是實體交易，或者跨境平臺交易，對業務來說，追求的結果其實就是一件事：成交。

在實體交易中，你要賣一個商品，需要面對面說服一個客戶

下訂單。但到了跨境平臺，一樣也是說服別人下訂單，卻不是一個一個說服，否則還不如在自己的地盤上做就好，使用跨境電商反倒更麻煩。

所謂跨境電商，就是要創造 X（次數）的效應，你必須透過一次的表現，同時影響數十個人，數百個人，甚至數千個人，這樣才能有 X 的效應。

影響力變大，但基本的概念是一樣的。在實體交易中，你要一個消費者買東西，你要先刺激他對目標的渴望。透過跨境平臺，可能可以接觸到山東的某一個團隊，同樣的，你要設法去刺激他們對目標的渴望。詳細的技巧，後面會再介紹。

但這裡必須再次強調的，一個可以刺激他人消費渴望的人，同時也是值得信賴的人。這樣的人參與平臺，絕不能是「做看看」的心態，也不能三天兩頭轉換平臺。

一個人影響力怎麼建立？下一節就來介紹網路紅人。

認識網紅經濟

做生意，大家都希望面對的是一個最大的市場，然而市場變大，通常會產生兩個問題。

第一，如果是一個全新的市場，那主要的問題是，如何讓消費者認識新商品。

第二，如果是一個成熟的市場，要面對的問題，毫無疑問就是如何在眾多競爭者中，脫穎而出。

在傳統的市場上，要讓自己脫穎而出，靠的是行銷。好比說，臺北市的冰店那麼多，為何那麼多觀光客要跑去東門吃芒果冰？臺灣到處都有牛肉麵，為何有的店總是門庭若市、一位難求，有的店客人卻只是三三兩兩？

關鍵點在於該店有沒有知名度。

市場範圍越小，需要付出的行銷力道越少。例如，只是想在

深坑豆腐街招攬客人，只要努力派店員在觀光客經過時，殷勤邀請入店坐就好，不需要做到全國性行銷，畢竟「深坑豆腐」已經具備全國知名度，任何一家店要面對的，都是因深坑豆腐這個名氣而來的客人。

但網路市場可不是這樣，更別說是跨境電商市場了。

一個店家或一個自營事業者，要脫穎而出，就要設法讓自己成為網紅。

網紅這個名詞，大約是從 2015 年開始風行的，其背景當然是越來越普及的各種網路平臺。特別是手機平臺的日新月異，到了這些年，已經人人手上都是智慧型手機，很少再看到有人拿舊式按鍵式手機。

無論男女老少，人人每天「滑」手機，這帶來網路市場的新商機，網紅因此崛起。從前要上網看影片，可能只能透過筆電連網，現在手機隨時可以看「天下事」，那些以前沒機會大量曝光的影片，現在可就有機會啦！

當然，「網紅」這兩個華文字，是來自東方的說法。依據維基百科，「網紅」是近年從中國流行到臺灣的新興詞彙，意指人

物因外貌或才藝或特殊事件在網路上爆紅，有意或無意間受到網路世界的追捧，成為「網路紅人」。

因此，「網路紅人」的產生不是自發的，而是網路媒介環境下，網路紅人、網紅推手、傳統媒體以及大眾心理需求等利益共同體綜合作用下的結果。

最開始的網紅，可能是時勢造英雄，好比說臺灣之前的「泛舟哥」，因為說出一句很酷的臺詞：「颱風天就是要泛舟呀！不然要幹嘛？」其粉絲團一夕間有超過五十萬個讚。

路邊賣花的老阿嬤被網民報導，也可能一夕爆紅，大家搶著去做愛心跟她買花，這些都算網紅。

後來的網紅，則都是刻意去創造，只要有本事，人人都可以紅。演變到 2017 年，臺灣非常流行直播，這也是要創造網紅的一種過程。甚至已經有好幾家以「直播」為營業項目的公司，自媒體已經變成不輸電視頻道的重要平臺。

網紅，簡單講，就是一句話：「有粉絲，就有收入。」

　　例如中國頭號網紅「Papi 醬」，靠著精湛的口條，引起中國網友瘋狂追粉，她的影片點閱率超高。例如有一支影片，主題和反對性別歧視有關，在騰訊視頻有高達 1,158 萬次觀看，全頻道累積播放量 3.7 億次。

　　當你的粉絲是以千萬計，你的影響力是以「億」計，還怕沒收入嗎？

　　言歸正傳，本書雖不是傳授一個人如何變成網紅，但基本的理念是一樣的，那就是讓自己粉絲越多越好。特別是在跨境電商平臺，人家怎麼認識你？為何要跟你買東西？所以，你就必須是號「人物」才行。

　　在組織行銷領域，跨境電商做得好的人，也就是那些月營收總是千萬元計的人，通常也是在該領域被尊稱為 X X 哥，或 X X 姊的人。

　　不同於一般的網紅，這些能夠業績頂尖的好手，同時也是成千上萬人的重要導師，必須具備一種跨境的領袖魅力。

　　一般作法有：

一、包裝好自己的故事

一個成功的業務，絕對不是只會講而已，要有實際的業績，所以業績越好的人，影響力就越大，影響力越大，業績就越好，形成正面循環。

通常是先在臺灣經營，有一定的業績，再來拓展海外市場，那時候以自己本身的經歷說故事，就比較有說服力。好比說，本來家中經濟困難、三餐不繼，因為堅持要做對的事業，現在月入幾百萬元等等。這樣的故事，可以吸引也是家境不好的人產生興趣，一起加入。

二、維繫好核心成員

跨境電商影響的成員可能成千上萬，但這些人不是一盤散沙，以組織行銷來說，一定是層層往上，最終還是可以歸納成幾個大頭頭，這些大頭頭也就是所謂的核心成員，關係是一定要維護好的。

包括經常性的關懷，開視訊會議分享交流，並且除了網路溝通，每隔一陣子還是要搭飛機去一趟實體見面。維繫好線頭，才

能打理好接下去的成千上萬人。

三、經營好自己的社群

　　成功的跨境電商經營者，不一定是個網紅，也許他在外面世界籍籍無名，但至少在他所屬的那個產業，好比說某某組織行銷企業，他是個如神一般的人物。

　　這樣的人就一定有粉絲團，這個粉絲團，絕不能丟著不管，甚至一天都不能不管，因此，每天至少要 PO 一篇文章（當然要和營業項目主題相關，好比銷售主力是保健產品，就會常 PO 有關養生的案例）。

　　除此之外也要經常和粉絲們打氣，通常會不定時拍攝影片，包括團隊聚會的影片，使用者見證影片，以及勵志演講影片等等。經常展現自己的理念、價值、資訊包括自己的大頭貼也要設計，在中國的微信，則叫做個人簽名。

　　總之，以經營粉絲團的思維來經營就對了。

把客戶當成自己的夥伴

跨境電商，可以用另一種方式來說明，那就是把市場擴展到海外。

在投入跨境電商前，就算沒有「跨境」，只在臺灣市場，有些基本的有別於一般傳統業務的作法也是要注意。

最特別要說明的一件事，就是重新為客戶做定義。

在傳統銷售模式裡，所謂「消費者最大」，服務業把消費者奉為神明，要好好款待。後來在組織行銷模式裡，客戶定義有了改變，基本精神依然是消費者最大，只不過傳統定義，客戶就是客戶，但在組織行銷產業定義裡，客戶不只是客戶，更多時候是夥伴。到了跨境電商的領域，也是如此，只不過在組織行銷產業對客戶的定義上，持續將服務範圍擴展到更大領域。

客戶為何不只是客戶？那麼，客戶還可以是什麼呢？

第一，客戶可以變成我們的合作夥伴。

第二，客戶可以變成我們的學習對象。

一、把客戶變成我們的合作夥伴

這其實也是組織行銷產業獲利倍增的精隨，只不過到了跨境電商時代，這些客戶的範圍，更擴展到海外市場。同樣的，海外的客戶，依然也是我們的合作夥伴。

這樣一來，我們和客戶的關係會變成：

1. 客戶成為利益共享體

我們不只賣東西給客戶，還要幫客戶賺錢，當客戶賺錢了，我們也可以賺更多錢。

這是一個好的組織行銷制度可以帶來的正向循環現象。到了跨境電商，我們依然要做好這件事，但距離問題如何解決？這就有賴於善用系統提供的分享機制，以及結合普及化的社群系統，如 WeChat 等。

現在網路科技發達，也有方便的線上會議軟體，在臺灣的高端前輩要持續關懷每位夥伴（同時也是我們的重要客戶）是沒問題的。在彼此利益共享的前提下，組織可以建立緊密連結。

2. 客戶是我們的傳遞中介

組織越來越龐大，這些人都是我們的客戶，但客戶若高達上萬人怎麼管理。所以客戶也要被定位為傳達者，他們負責傳達公司的各項指令，也包含勵志分享和成功案例分享。

當然所謂中介，也包含經銷商的身分，透過這樣的中介，每個客戶既買我們的東西，也讓他們自己輔導的「客戶們」，買我的東西。

二、把客戶變成我們的學習對象

在傳統行業，企業老闆也會尊稱客戶們是他們的學習對象，這主要是透過問卷或者是客服系統收到客戶的回饋。以餐飲業來說，可能客戶反映餐點太鹹、上菜太慢等等，都是一種可以改良企業的回饋，這些對企業來說都是學習。

但這樣定義下的客戶，其實是禮貌性地稱讚成分較多，實務上，大部分客戶的消費只是一時的消費，並不是真的結合進入企業的學習回饋機制。

但在組織行銷產業，客戶真的都是學習的對象，並且是持續

學習的對象。理由很簡單，因為既然客戶同時也是合作夥伴，所以客戶不會跑掉，也因此他們的各種回饋，特別是「使用心得」，就是企業重要的回饋。

一般組織行銷產業，都很重視會員們的各種實務案例回饋。包括使用產品後的反應，以及保健產品還可以適用在什麼狀況，如感冒預防或過敏情況改善等等。當這樣的學習，不只包含臺灣也包含中國和東南亞，乃至於西方國家時，跨境電商的學習反饋影響力是很大的。

許多成功的跨境電商平臺，是由組織行銷企業開發，這是因為這些企業本身就是跨國性的組織。

如果不是組織行銷產業體系的跨境電商呢？好比說，我們也可以透 WeChat 系統經營自己的商品社群，就好像現在從臺灣也很多人透過臉書或 LINE 建立銷售群組一般。

同樣的道理，在這種情況下，依然是把客戶當成夥伴。實際上，一個客戶若只是單純消費而已，就不太可能會加入你的群組，會加入群組就表示一種合作關係。

當然，在非組織行銷行業的合作關係，不是一般的上司與合

作夥伴關係，但依然可以是一種商業合作關係。最常見的做法，就是透過群組長期銷售商品，其實也是一種上司與輔導合作夥伴關係，只是沒有企業的制度，而改以銷售抽成的概念。

無論是透過組織行銷的系統，或者自己建立社群群組，都一定會有個核心領導人。假定你就是這個核心領導人，那你同時也是這個平臺的「老闆」。當然，平臺很大，但每一個單獨的應用都是個別的，你是你這個個別社群的平臺老闆。

身為老闆，你要做的事是，讓這個平臺變得更有向心力。讓屬於這個平臺的成員，也就是客戶兼合作夥伴們，更樂意以這個平臺為家，連帶的，他們更願意為「家」做出奉獻。

這時候角色轉換特別重要，尤其是對業務工作者來說，因為一般傳統業務的觀念是競爭，是要想方設法爭取業績冠軍。但當業務投入跨境電商平臺時，觀念要轉換成「分享」，是好的商品和大家分享，是看到夥伴們業績好要替他們高興，不是和他們爭業績成績。

相反的，你要輔助合作夥伴有更好的業績，這樣跨境電商的優勢就能凸顯出來，也就是大幅拓展獲利公式中 X 的分量。

只有跨境電商可以做到這樣。

傳統行業，我們賣出去 100 個麵包，就是擁有 100 個客戶，可能他們變成常客，但一百就是一百。但跨境電商，可以讓 100 個客戶擴展成 100 × 100 = 10,000 個客戶，常態性的賣出 10,000 個麵包，並且這麵包還會再倍增下去。

把客戶們當成合作夥伴，就可以享受長期增值的利潤。

用跨境電商，打造自己的獲利公式

好的平臺，讓我們成就事業，事半功倍。

但不要忘記，平臺一定是輔助角色。就好像有句成語「如虎添翼」，這時候「虎」才是主角，也就是你；「翼」是輔助，也就是平臺。

以加入同樣的企業來說，平臺都是對會員公開的，但為何一個團隊裡，可能真正達到千萬佳績甚至億萬佳績的人數有限，可能大部分人收入只是還可以，更有很多人收入比一般上班族少。不是平臺出問題，歸根究柢，還是人的本身出問題。

在此，我提出我的致富公式：

成功＝專業＋人脈＋資源

成功的本質 Ｘ 跨境平臺＝加倍的成功

把這個公式每個元素做到最好，就會帶來成功，過程中，可以透過跨境電商平臺，快速增加每個數值。

但如果基本的自我訓練沒做好，那麼，0 不論乘以多少倍都還是 0，如果沒打好基礎，就算有再好的跨境電商平臺，也不能幫你致富。

人脈

在致富公式基本特質中，人脈是最重要的，因為：

1. 人人都有專業，但畢竟人的時間有限，專業有限，若是人脈廣，結合其他人脈的專業成為你的專業，那專業就很廣。

2. 大家喜歡累積資源，但任何的資源，歸根究柢，還是跟「人」有關，人脈廣的自然就資源多。

如何建立人脈呢？坊間有太多的人際關係教戰守則，針對跨境電商，我這裡只強調一件事，那就是要懂得「讓利」，這也是組織行銷產業的特性：

幫助別人，就等於幫助自己。

以我自己的習慣來說，通常和新朋友相處，我心中絕不是想著「如何從他身上撈到好處」。相反的，我總是想著「我可以帶給對方什麼好處」。

我不是說我是聖人，不是說我總是抱持著慈善的念頭。而是以共享經濟的角度，我們總是要想著如何幫助對方，同時也幫助自己。

前面講到的「讓利」，不是說自己身上有 100 元，分 50 元給人的概念，那是慈善救濟。真正的概念是，我們合作可以帶來 100 元新的收益，依照規定，我可以拿到 100 元的 80％，也就是 80 元，但我願意只拿 30 元，因為我讓利出來的錢，可以讓其他夥伴有更大資源拓展市場。

我可以擁有龐大的人脈，並且在我的產業裡，受到一定的尊敬，人人尊稱我是老師，願意聽我分享。因為我做到了「為別人著想」這件事，同時也讓對方都感受到了。

此外，自信也很重要，因為成功是一種吸引力法則，也就是

越成功的人，會吸引更多人願意加入。我總是展現自信、專業，同時又願意為別人著想，成為別人的導師，以及可以信賴的人，所以我的人脈自然廣。

專業

每個人都經歷過學習成長時代，不論是碩、博士還是大學畢業，都有一個學位。就算是高中、職畢業，通常也有自己的一技之長，這就是我們的專業。

通常我們不是沒有專業，而是缺少「符合潮流」的專業，或者原來的專業沒有精進，變成「過時的專業」。

我經常上臺演講，身為講師的我，在演講的這一刻被視為專業，但如果我接著一個月、半年都沒在自我上進，每次上臺總是講那套，那我也會被打入「不專業」的範疇。

因此，我們要持續進修，多閱讀、多聽演講、多參與培訓，讓自己成功，這些都是必要的，並且要持續進行，是要持續一輩子的事。

資源

在傳統社會價值觀裡，人脈經常和資源畫上等號。所謂資源，其實也就是「關係」，所謂「有關係就沒關係」，也就是當出事時，有辦法化解。

在跨境電商時代，資源的範圍更加廣泛。可以幫助一個人成功的要素，人脈很重要，但還有更多的資源，例如找到好的平臺就是一種資源，能夠有權限進入某種資料庫也是種資源。

要知道，在網路普及時代，大家再也不擔心資訊不足，相反的是擔心資訊太多，反倒得不到需要的資訊。

好比說，老闆請員工調來 101 大樓設計相關的資訊，結果員工花了一整天時間，推來一臺推車，上面有五個紙箱的資料。員工原以為老闆會稱讚他的努力，結果老闆卻通知會計，開張遣散費支票給他，明天不用來上班了。

會找到資訊不是難事，那是連小學生上網都可以做到的事。如何找到「有用」的資訊，就需要資源，包括找到專業的關鍵人物，可以解析資訊；找到好的搜尋軟體，可以精準搜尋等等。

其他資源還包括重要客戶名單、組織助力（如獅子會、扶輪

社）等等。

當我們有好的資源，建立了專業，並且有自己的人脈圈，這時候再搭配跨境電商平臺，就真的是「如虎添翼」了。

第四部

進入虛擬貨幣時代

進階致富篇

重新認識什麼叫做錢

前面幾章，我們談了如何建立正確的理財觀念，談了快速有效率的致富公式，也談了如何做好業務工作，因為業務工作是相對來說較有效率帶來財富的模式。

在此，我要談到另一個層面的東西。一個人只要做好這個領域的理財，不論他原本是上班族、家庭主婦或者業務工作者，都可以讓自己的經濟情況有了大幅度的改變。

可能有人會問：「曾老師，你這不是在開我們玩笑嗎？前面講那麼多，現在卻又有個新的東西，並且可以超越之前幾章講的內容，何不一開始直接講這一章呢？」

非也非也，所謂一步一腳印，就是要讓大家先建立好基本的觀念基礎，才能接受最新的觀念。

就好像從前沒有網路的時代，大家不懂得可以在家架設網路商城 24 小時賣東西，後來就算進入網路時代，人人已經知道可以輕鬆上網開店，但基本的經營需求，還是需要有正確的人生觀

念、熱忱進取的心,以及基本的商業交易知識等等。

一個不具備扎實基礎的人還是可以開店,但經營得不會穩健,內心也會空虛。

無論如何,我們不能一夕間跳過所有生命成長流程,直接進入新境界。但當看到了新的境界,也要有勇氣與智慧,突破自己舊有格局。

首先,我們要來談談什麼是錢?

這件事很重要。如果我們連什麼是錢都不知道,那為何我們每天要賺錢?於是我們討論就會發現:

我們需要錢,因為錢可以買東西。

→所以重點是「買東西」。

我們需要錢,因為可以享受好生活。

→所以重點是「好生活」。

我們需要錢,因為讓我們有身分地位。

→所以重點是「改變自己」。

　　有沒有人賺錢的目的，是希望「鑑賞及收藏金錢」？當然也有，有人的職業就是古幣收藏及買賣家，但畢竟這是極少數。就算那極少數人，他們也需要錢去買東西、過好生活以及改變自己讓自己更有身分地位。

　　這時候我們就會發現一件事，大家每天都在談錢，好像金錢代表一切。但是實際上，金錢卻永遠不能當主角。

　　假定有一天上帝來到人間，說因為你善事做太多了，祂要給你一根許願棒作為獎勵，你要的任何東西，大至一棟房子，小至一顆鑽戒，你都可以用許願棒得到，你還要錢做什麼？畢竟你變一變就出現鑽戒，何必還要專程跑去珠寶店「花錢」買？

　　但大家還是喜歡有錢，那是因為自我們出生以來就被建立的觀念。

　　嬰幼兒不需要有錢，因為他們被父母照顧得好好的，若手上拿著錢，那只是一種「又髒又不好玩的玩具」。

　　與世隔絕，封閉的荒島上居民不需要有錢，因為他們自給自足，採取互助合作的方式經營生活。若一張美鈔飄進荒島，只是一張「印有圖案但不能吃也不能用，連擦屁股都嫌太小的紙」。

　　只有認清其實錢只是一個「中介體」，改變了思維，才能改變我們新的理財致富方式。

　　請試著想想：

如果錢是中介體，有沒有其他的中介體？

　　答案是有，並且這個中介體一直在轉換。

　　幾千年以前的洪荒時代，中介體可能是貝殼。

　　數百年以前的古早時代，中介體可能是銀元。

　　到了現代中介體是各式各樣的幣值，有紙鈔有硬幣。

　　事實上，中介體永遠都處在「變」的狀態，人類歷史上一直持續有新的中介體出現。

　　但接下來中介體可以是什麼呢？

　　這就是下個問題。

為何選擇這個中介體？

之所以會選擇一個中介體，好比說貝殼、銀元或新臺幣，前提是什麼？

1. 這是被認可的

也就是至少你去買麵包的時候，麵包店老闆可以認可這個中介體，用麵包跟你交換這個中介體。

2. 這是可以被管控的

也就是不是高興印多少量就印多少量，一旦數量無法被管控，中介體也就失去它的價值了。

3. 這是可以方便取得的

如果中介體的取得比物品本身還難，又何必需要中介體？

古往今來，所有的中介體，都符合以上的特質，若不符合這些特質，就會被淘汰，因此也就產生以下問題：

中介體本身的價值是什麼?

為什麼大家那麼愛錢?是喜歡「錢的本身」,還是「錢的用途」?

許多人誤會以為自己喜歡的是「錢的本身」,但其實應該重視的是「錢的用途」。若有其他方式可以帶給你同樣的用途,好比說不須錢就能得到東西,還需要中介體嗎?

當我們思考完這些問題,就可以開始來談談虛擬貨幣。

改變往往屬於那些懂得找到替代品的人

仔細想想，從古到今，所有能夠從平凡人變成巨富的人，往往都是那些最擅長找到替代品的人。

第一個使用蒸氣力取代馬力的人，第一個使用石油取代煤炭的人，第一個使用新科技取代舊科技的人，第一個使用網路思維取代傳統思維的人。

其實這也包括，第一個改變「金錢定義」的人。

一個對金錢敏銳的人，絕對是一個「跳脫金錢」觀念的人。

我們一般人對金錢的觀念，主要是受銀行的定義所主宰，也就是說我們「存款簿餘額」多少？我們的一塊錢可以換到多少的外幣？以及最常用的，我們的錢可以買到多少麵包，換句話說，我們的錢可以等同兌換到多少麵包。

那我要問問大家，「兌換」的意思是什麼？

案例一：

A 兌換 B，有個對等值，這個值是基於國家的貨幣政策，落實在民間的買賣市場。而不論國家的貨幣政策，或者民間的買賣市場，都是可以改變的，也就是說「對等值」是可以改變的。

舉個明顯的例子，昨天你家巷口的牛肉麵一碗賣 100 元，今天變成一碗 110 元。愛吃不吃隨你，因為對老闆來說，他的交換對等值已經變了。

案例二：

A 兌換 B，有個時間值，大家都聽過一個名詞叫做「通貨膨脹」。假如我們現在捧著錢，搭著時光機回到幾十年前，我們都成為大富翁了，若有這樣機會，一定趕快去信義區買幾間房子。

有人會說：「沒用的，你捧著現在的新臺幣回到從前，就變成偽鈔了。」沒關係，有個替代方案，那就是先拿著新臺幣去換黃金，再抱著黃金回到從前，一樣還是有錢人不是嗎？當然這就牽涉到下一個問題。

案例三：

　　A 兌換 B，有個可替代值。理論上，今天什麼當紅，就該用什麼當中介質。好比說新臺幣對日圓當紅，那麼就該多把握機會新臺幣換日幣去日本 Shopping。黃金當紅，若早一點知道，就可以把現金換成黃金，再拿黃金去買東西，保證可以兌換到更好的東西。

　　在《富爸爸，窮爸爸》一書中，提到 ESBI 的概念，其中最好的致富模式，是 I（Investor），也就是以錢賺錢的人。但書中沒有提到的，這個「錢」不一定是要你認知裡的那個錢（新臺幣、美金、人民幣等等），而可以更活用。

　　我所認識的可以快速致富的朋友，都是可以抓住金錢這中介體三大特色的人，也就是對等值、時間值以及可替代值。

　　以「龜兔賽跑」來比喻，對於懂得抓住金錢價值的人，包括一般上班族、業務工作者，甚至開店當老闆的人，相對來說都只是致富之路上的烏龜，真正的兔子，是可以靈活應用「中介體」的人。

請記住，我說的是「中介體」，而不是金錢。

因為對於這些善於理財，龜兔賽跑中的兔子來說，金錢的觀念已經更昇華了。可以回歸到中介體的本質上去思維，帶來更大的財富（這裡的財富，當然也就不只是指紙鈔、錢幣等傳統金錢）。

成為巨富的人，都是善於找替代品的人。如果連金錢這件事都可以替代了，世界當然就不一樣了。

這絕對不是未來的夢想，是已經發生的事。以中國大陸來說，在中國一線城市，大部分的交易，都已經採取無紙化交易。靠著手機第三方支付，就可以在各個地方消費，若有人掏錢包拿錢需要找零的，還會被嫌落伍呢！

但就算是第三方支付，也都還只是金錢應用技術上的革新，仍是站在舊有的金錢思維上。畢竟，每個使用第三方支付的人，還是要依賴傳統的帳戶，秀出自己的帳上有多少人民幣餘額。最終要換成拿在手上溫熱的實體紙幣，還是需要國家認同的紙幣，好比說春節發紅包，總不好用「第三方支付」吧！

能夠成為巨富的人，則是真正跳脫金錢的思維。

例如中東擁有油田的大亨們，與其和大家比他手上有多少錢，他們更關心的是，油價每桶可以賣多少錢。在這裡，石油是比金錢更重要的替代品，油價波動的影響，遠大於帳戶金額的一、兩個零。

同樣的，股市大亨更重視的是整體市場價值，而非經常性變動，或是已經沒什麼意義的戶頭餘額。房地產大亨、林業大亨以及各種大亨們也是如此，在他們心中，金錢只是一種和「平民百姓」對價的數字，真正的財富，是用那些價值會變動會增值的其他資產來定義。

因此，我們若要成為有錢人，有一個重要的思維，就是不要再只把目標設定在成為有「錢」人，因為那是比較舊的思維。

要能跳脫這個思維，讓自己變成超越金錢，而真正可以役使金錢的人。

這樣的人，可以抓住錢所作為中介體的三個兌換值：

· 對等值

· 時間值

· 可替代值

簡單說，錢應該是處在「變化狀態」下的，抓住這個變化的人，就可以成為富翁。好比依照情資蒐集，知道未來建材有大的需求，於是事先以低價預購很多建材的人，就是同時掌握了三個兌換值，他掌握到金錢和建材的對等值，知曉這個對等值會有改變。他更掌握了未來建材和金錢兌換的時間值，他用現在賺取未來，他也掌握了可替代值。事實上，他後來就直接可以用建材代替金錢，例如拿一批建材去換取一個新建案的合約。

當一般人還在和牛肉麵店老闆爭論為何麵漲了十元時，懂得抓住金錢中介體的人，短時間內賺到的錢，都可以開一百家牛肉麵店了。

虛擬貨幣登場

講了那麼多，還沒開始提到虛擬貨幣。

因為虛擬貨幣的問世，就是基於前兩節提到的重要概念，也就是顛覆了傳統的金錢思維。當我們把金錢看成是一個中介體，不再將視野侷限在我口袋裡有幾張紙鈔，錢包裡有多少硬幣時，那就可以開始接觸虛擬貨幣的概念。

其實虛擬貨幣的出現，是要有諸多條件配合的。也就是說，我們不能問「為何虛擬貨幣不能更早出現？好比說，為何不能在2000 年就出現？」答案是，那時候虛擬貨幣無法出現，因為中介體改變的條件還沒誕生。

從古至今，所有中介體的改變，一定要有相應的技術。

最簡單的，從原始人用貝殼交易到後來可以用銀錢交易，中間隔了超過千年，為什麼？因為銀錢相應的文明還沒發展出來。

首先，可能連銀礦都不知道，知道了也不懂提煉，懂得提煉後也沒有一個公正的標準，有了標準也沒有一個可以認可的維繫

權威。

直到文明發展了，有了朝代、有了中央皇權、有了中央鑄幣機制、有了全國的司法以及軍事可以維繫經濟市場，最後再加上觀念可以普及，整個金錢市場才有大變革，貝殼才退出歷史。

聽來像是古早以前的事，但實際上直到現在，金錢變革都還是服膺這樣的基礎。

前面說過，金錢作為一個中介體，必須具備：

一、這是被認可的。
二、這是可以被管控的。
三、這是可以方便取得的。

如今你我認可的金錢，包括新臺幣、人民幣、美金、日幣都是如此。

他們不只被你我認可，也被全世界所認可，我們可以與世界各國做貿易。如果哪一天臺灣的新臺幣被認為不算是錢，那麼就算一個人戶頭擁有幾百億元新臺幣，都只是廢紙。

這種事會發生嗎？事實上，金錢被認可度的確是可以改變的，甚至每天都在改變，所謂外幣貶值或升值就是這麼一回事。倘若今天新臺幣升值了，同樣的錢在日本可以多買一組化妝品，是化妝品價值貶低了嗎？對日本人來說，化妝品的價值沒變，價格也沒變，但對臺灣人來說，化妝品價格下跌了。

所以就算是被認可，「認可值」多少也是問題。

那麼言歸正傳，為何虛擬貨幣誕生的時代到臨了呢？因為符合以上說的三個條件：**被認可、可管控、方便取得**。

在虛擬貨幣流通以前，有什麼其他替代品，可以被認可、被管控也方便取得呢？其實也是有的，甚至還不少，只不過可能範圍有限。

例如股票作為財富是被認可的，並且有著合法的股票市場，所以是可以管控的，以前不是有的公司年終就直接發放股票代替現金嗎？但使用範圍有限，畢竟我們不能拿著股票去菜市場買菜，也不能拿股票去新光三越買珠寶，就算那張股票價值一千萬元也一樣。

其實在之前也還是有虛擬貨幣出現，只是跟現在的定義不一

樣。那個虛擬貨幣就是流行在同一個遊戲族群間的遊戲幣，其也符合三大條件：

- 被認可

　　→被誰認可？當然是被同一個遊戲的玩家所認可。

- 可管控

　　→只要遊戲發行公司有公信力，遊戲虛擬幣就可以管控。

- 方便取得

　　→這就更不用說了，遊戲公司就是靠買賣虛擬商品致富，而虛擬商品一定要用虛擬遊戲幣買，虛擬遊戲幣的取得，則是用新臺幣轉帳取得。

　　若把規模再縮小點，假定我們一家五口人，今天是假日，外頭下雨不想出門，於是決定一家來玩個大富翁紙上遊戲，其樂融融。那麼，其實我們也是參與一個「範圍極小但確實符合金錢定義」的貨幣遊戲。大富翁上面的紙鈔，是參與遊戲的五個人都「認

可」的，在遊戲過程中，紙鈔也都可以控管，並且依照遊戲玩法可以合理取得。

以上解釋這麼多，現在，就來正式談談虛擬貨幣。

虛擬貨幣可以正式問世了，因為牽涉到「認可」、「管控」以及「取得」這三件事的條件都可以符合了。

在這三件事中，最難的一點是「管控」，如果不能管控，那一切都沒意義了。就好比新臺幣，如果今天任何人都可以在家用影印機「生產」出新臺幣，新臺幣還會有價值嗎？

「管控」是最難的，事實上千百年來，很長時間裡，全世界唯一可以管控金錢的只有政府，因為只有政府有能力做到三件事，第一是發行，第二是管理、第三是保障。

在臺灣有中央鑄幣局負責供應鈔票，發行多少回收多少，都有嚴格管控，央行更是管理所有貨幣的最高單位。至於保障，更是政府的基本功能，透過政府以及在政府體制下的銀行機制，你我的錢才能順利流通，我們才能將錢安心地放在銀行，才能身上不帶錢，也可以四處趴趴走，有要用到錢再從提款機提領出來。

那麼，千百年來都無可取代的政府功能，到了現在有什麼變

化嗎？

　有的，最大的變化就是金融技術。

　以前只有政府做得到的事，在科技發展下，民間也可以做得到，而且不做則已，一做影響力就要超越政府。

　畢竟政府只能管理自己的領域，好比說臺灣的央行，只能管理自己國家的臺幣，不能去干涉美金，但民間的勢力卻不一樣。

　最明顯的例子，中國的阿里巴巴集團不是政府體制，但卻顛覆了全中國的金錢遊戲規則，大家存錢不用存到銀行，而是存在支付寶、餘額寶。借貸也可以不必非找銀行不可，而是使用拍拍貸、宜人貸或陸金所。正因為阿里巴巴是民間機構，所以可以跨國界，以阿里巴巴的金融應用來說，就算是臺灣人也可以在臺灣上網使用。

　新的技術帶來了新的金錢觀，於是虛擬貨幣誕生成為可能。

　其中最關鍵的技術，就是區塊鏈。

區塊鏈帶來金錢遊戲新世界

　　本書不是專門談 FinTech 以及相關應用的書，所以在此只做簡單介紹。雖然如此，但作為後續的應用，大家還是要先了解基本的觀念。

　　首先，我們來認識兩個名詞，一個是 FinTech，一個是區塊鏈。2017 年曾有德國的專家預言，未來的 5 到 10 年將有大量銀行職員會失業，甚至有人預言未來 15 年內銀行會被取代。

　　事實上，這並不是科幻小說般的天馬行空，而是已經發生中的事，在國外已經有很多金融從業人員面臨工作被取代的問題。在臺灣，因為法令上的保護，FinTech 的影響尚沒有那麼大，即便如此，在 2017 年已有保險公司大幅裁員。

　　到底 FinTech 是什麼呢？這是屬於金融領域相關的專業術語嗎？其實，FinTech 的確是屬於金融領域的術語，但其影響卻和每個人都相關。

「FinTech」是由兩個英文字所組成：Financial Technology，顧名思義，就是金融科技的意思。

當我們提到任何科技，像是影像科技、壓縮科技、冷凍科技等等，都覺得只是種生活應用，不懂也沒關係，反正我們只是消費者。

但偏偏 FinTech 這種「科技」，不能等閒視之。以本書的角度來說，我們要追求富裕的人生，要擁有幸福成功的生活，那麼人人都必須懂 FinTech。

甚至可以這樣說，一個人可以完全不懂期貨、不懂股票、不懂房地產，甚至不懂保險，但身為現代人，你還是要懂 FinTech。因為那就如同好幾十年前還沒有 ATM 連線提款，錢只能藏在家中的時代，後來有了 ATM，就再沒有人出門還需抱著大把現金，連什麼叫提款卡都不知道。

簡單說，因為技術的革新，打破了過往的金錢觀念，讓以前只有政府或銀行可以做到的事，現在把主導權落在民間了。FinTech 基本上包含了六大領域，每個領域都和我們每個人息息相關。

一、FinTech 支付

進入無紙化時代，現在大家透過手機，就可以在店家方便的買東西。臺灣在 FinTech 領域發展比較慢，但截至 2017 年，也已有超過十家的第三方支付應用 APP，已進入百家爭鳴時代。

二、FinTech 保險

透過物聯網及大數據分析，保險不再大量同質化，而是可以針對每個人量身訂做。

舉例來說，兩個同樣年紀、也都同樣健康檢查合格的男性，投保同一個性質的保險，過往兩人可能每年付的錢一樣，但結合 FinTech 保險後，這兩人的的保費就會不一樣。

例如一個勤於運動、做到飲食節制，他每日的狀況透過大數據傳到保險公司，於是下期保費就可以少繳，另一個則否。

三、FinTech 存貸

以前借錢要找誰？只能找銀行，不然就要找利息高得嚇人的民間借貸，現在借貸還是可以找民間，但利息卻彈性許多。

　　最重要的，以前是大金主（包含金控財團或當舖財團）借錢給企業或一般人，現在透過 FinTech，你我都可以當借方，享受當債權人的滋味，至於風險則由科技平臺承擔大部分的風險。

四、FinTech 籌資

　　透過金融科技，現在金錢應用的管道變多了，一個人有夢想有企圖心，不一定要找銀行才能申貸。透過籌資平臺，可以邀請大家集資幫忙圓夢，你我都可以是投資人，同時也有機會擔任一個新創企業的小小股東。

五、FinTech 投資管理

　　以前做各項投資是委託專業經理人代操，現在已經有機器人理財，以及賦權投資等不同的選擇。由於大數據帶來的更多資訊，每個投資人不需要理專來理財，不論選擇買與賣，都有更多的搭配，以及更靈活的作法。

六、FinTech 市場資訊供應

FinTech 革命帶來全新的資訊視野，也產生了更多樣的理財平臺，不論是情報獲取或者資訊分析，都比過往更加具效率。

在這些 FinTech 應用上，有一個很重要的基礎項目，就是區塊鏈。若以專業術語來說，區塊鏈牽涉到許多讓非專業科系的人看了眼花撩亂的敘述。但若以簡單的話語來說，區塊鏈就是一種「最安全」的資料保存技術，其將資訊以分散在網路中的方式存取，徹底改變了過往資訊交流的模式。

對於金融領域來說，區塊鏈讓過往不可能的事成為可能，也讓原本必須銀行從業人員才能從事的領域，可以釋放到民間。

技術革命的重要性，舉個例子來說，大家應該還記得，在網路時代剛興起時，雖然有網路商店，但交易的比例並不高，因為大家都「怕怕」的，害怕上網購物不安全。實際上也的確如此，過往透過線上購物，經常發生個資外洩、網路詐騙等情事。

但後來為何網路消費漸漸普及，到現在幾乎每個民眾都或多或少有上網購物的經驗，關鍵就在技術上的革新。當資料加密、

網路金流物流等防護措施都能做到完備，那麼大家就不再害怕網路購物。

若說以上網路防護的技術，就如同一家銀行派了武功高手守護，那麼區塊鏈則遠遠超過這個概念，他們不需要任何武功高手。因為任何的高手，都還是有缺點，人會生病，程式會有漏洞等等。

但區塊鏈的概念根本不需要任何武功高手，因為整個網路世界集結成一種無敵的力量。如果說，我們每一個資料存取，都分散在網路中不特定的部位，並且每次存取都隨機改變。那麼又有什麼駭客高手有辦法破解呢？對他們來說，區塊鏈就好像對著空氣比武般，完全沒有施力點。

這是種全新的視野，當技術做到了可以讓金錢被「認可」、「管控」、「取得」兼備時，而原本只有各國政府才能做到的貨幣流通，已經變成一個可以讓民間自己發行且跨國際流通時，這就是商機。

還記得前面所說的，改變往往屬於那些懂得找到替代品的人，這時候，先抓住這股商機的，就是最先致富的人。

虛擬貨幣你我都該知道

當一個新的東西問世，就代表一個商機的開始。

先知先覺者，先到先贏。

後知後覺者，還是可以分到一杯羹。

不知不覺者，則是再次錯過一次本來可以致富的機會。

致富的機會多嗎？當然不多！然而大部分人天生的多疑性格，會讓大家採取觀望。當年網路剛興起時是如此，後來手機APP 普及化前也是如此，若我們翻出新科技剛問世那年的媒體，一定會聽到許多的負面聲音，種種唱衰的語言。「那個不會成功啦！」、「那種事不可能發生啦！」、「那是假的啦！」

懷疑是人之常情，我最早聽到朋友介紹比特幣時，也是心存觀望的。因為我過往擁有很豐富的理財經驗，熟悉各項理財規畫，例如如何判斷某家企業是值得投資的優質企業，如何分析房地產、股票等等，我心中認為這些都是投資，也就是我多少還是

侷限在舊有的框框裡。後來認真去分析才漸漸接受，虛擬貨幣這個全新觀念。

不過，當初朋友推薦我投資，我倒不是懷疑虛擬貨幣是真是假，而是覺得這東西應該已經「到最高點」了，我錯過最起初的時候，進場已經太晚了。

然而我當時錯得離譜！

如果把比特幣當成是一顆種子，從發芽起算預估它會長多高多壯，當時的我彷彿看到的是一株到我膝蓋這麼高的植栽，我認為這盆植物大概就頂多長這樣了。那時一顆比特幣的交易幣值是4,000元，朋友要我買，我表示沒什麼興趣。

不料比特幣持續漲，漲到10,000元了，我心存觀望。漲到20,000元了，我仍心存觀望。後來隨著各項情資顯示，比特幣不是一種小小流行，而是一種發展趨勢，我終於決定要投入了，那時已經漲到80,000元了。

如果以植物來比，已經像棵比我高的行道樹了，但這遠遠不是它的極致。事實顯示，之後比特幣市價繼續上升，直往百萬元飆去。到現在，一顆比特幣是以幾十萬元計價的，當時以八萬元

一顆購買的我，如果多買一點，就可以更早成為大富翁了。

事實上，我已經有許多的朋友，他們看準時機，投入虛擬貨幣，如今已經都是億萬富翁。

當然，這只是虛擬貨幣的一種，其他還有乙太幣、萊特幣……等等，隨著區塊鏈等技術應用的普及，這樣的虛擬貨幣種類會更多。

或許你會問，當一個所謂商機來臨時，如何判斷那只是一種風潮，或者是長期趨勢呢？好比說，當年蛋塔在臺灣造成風潮，但流行過一陣就沒落了。或者有一陣子紅龍魚當紅，價格也曾經飆漲到幾十萬元、幾百萬元，我們要如何判斷虛擬貨幣不是種流行風潮呢？

關鍵在於，這件事是否會「改變人們生活習慣」。

以蛋塔來說，蛋塔有可能改變人們生活習慣？是有機會的，假定這個蛋塔包含一種防癌成分，經專家證實可以有效保障我們的健康，這件事若變得理所當然，乃至於「人人」日後每天三餐

都要包含蛋塔，那這就是趨勢。

當然事實上蛋塔不是這樣，所以蛋塔只是流行。

再來談談手機 APP 吧！最初問世時，很多人也在質疑，這只是一種小小流行嗎？甚至很多人聽不懂什麼叫 APP。當年若有廠商想要找人製作 APP，一時還找不到工程師呢！

到如今，人手一機，哪個人不是天天透過各種 APP 與世界交流？這件事已經「改變了人們的生活習慣」。

那麼，虛擬貨幣會不會「改變人們的生活習慣」呢？答案是肯定的。

這件事不是未來預期會發生，而是已經發生。當然我不是在講許多人購買虛擬貨幣這件事，而是在講虛擬貨幣改變生活這件事。做為一種「準金錢」，虛擬貨幣已經不是單純的數字遊戲。

我們知道數字遊戲和實際應用的差別，例如股票是數字遊戲但也是實際應用，因為股票指數雖然高高低低，但手握一張股票的確代表了你是某家公司股東，有法律保障你身為股東的權益。

股票選擇權則比較是數字遊戲，但也有實際應用價值，買權

賣權是一種可轉讓的權益。至於六合彩明牌、賭馬票等等，就純粹只是數字遊戲了。

虛擬貨幣則百分百已經是可以實際應用的東西，簡單講，虛擬貨幣已經可以用來「買實體的東西」了。所謂貨幣，就是一種共通的標準，你認可、我認可，就好比新臺幣般。

我去買東西，我支付虛擬貨幣，對方可以接受，也願意把我要買的東西交給我。在日本，已經有虛擬貨幣的交易商店，在這樣的地方，透過虛擬貨幣就可以買東西，甚至有些先進的科技屬性公司，已經開始將虛擬貨幣作為薪資發放的一部分，員工也樂見這種發展。

試想，今天我們若領的薪水，一個月、兩個月後可能「增值」，你會不會很高興？如果我們薪水領的是新臺幣，當然不可能如此，今天領到四萬元的新臺幣，一年後四萬元還是四萬元，但如果領的是虛擬貨幣，那今天一元虛擬貨幣等值一萬元，明年已經變成兩萬元了，員工當然樂翻了。對於老闆來說，他用幣值低的成本發放薪資，也沒有損失。

這裡也分享一個真實的案例，我有一個朋友，他的兒子在美

國念書，因為某種疏忽，他忘了告訴父母要繳交一筆學費，而第二天一早是截止期限，若沒去繳，將喪失該門學科研習資格。但兒子身上沒錢，臺灣匯款到美國需要一些手續，當天是假日，金融機構沒營運。

更糟的是，當知道消息時已經是深夜，第二天兒子就要用錢了。後來我朋友臨機一動，在虛擬貨幣平臺上，打了一個幣給他兒子，速度很快，網路交易一瞬間，兒子一取得虛擬貨幣，很快的也是半小時內在美國虛擬貨幣交易平臺賣出，換得現金，第二天就可以準時繳交學費。

從這個案例，看到了虛擬貨幣的交易，真的是快速方便，完全就是「準貨幣」的樣子。

也許有人會問，在臺灣似乎還沒有線上應用？實際上這就是商機，當一切都普及化的時候，還談什麼商機呢？

臺灣雖還沒有正式的虛擬貨幣轉實體商品交易商店，但日本已經開始了，臺灣應該也不遠了。更何況，連鴻海集團都已經投資區塊鏈事業，同時，臺灣立法院也已經在 2017 年立法三讀通過《金融監理沙盒》法案，是全世界第五個通過擁有監理沙盒法

律的國家。

　　這已經不是種流行，而是真正進入生活化應用，將如同手機人手一機一樣成為常態。即使不做先知先覺者，做為後知後覺，我們也該真正去了解虛擬貨幣了。

區塊鏈如何帶來新商機

當一個商品、一個觀念已經普及化了，那時候若抱著想要分一杯羹的概念想去賺錢，除非能夠創建出自己的特色，否則這種後知後覺者，很難賺到錢，頂多能夠收支打平就不錯了。

當一個商品、一個觀念只有少部分人認同，這時候去參與，那就比較像是冒險。所謂冒險真的就是有賺有賠，差距很大。賭對了，就成為大富豪，賭錯了，可能傾家蕩產。本書並不鼓勵這類的冒險，但鼓勵的是抓住趨勢，走在最前面的那類冒險。同樣是冒險，這兩者的差別，前者有種「賭賭看」的意思，但後者，則是「先知先覺」的概念。

我們都要當先知先覺的人，但實在說，如果每個看到趨勢的人都可以投入，那世界上富翁會更多，但每個富翁賺得錢會少很多，因為被更多的人瓜分了。實務上，並不是先知先覺者，就一定可以賺大錢。就好像早些年網路開始普及，爆發出大能量創造出許多億萬富翁，那年代，也不是說我們滿口電腦術語就會賺大

錢，要賺大錢是有門檻的，因為一個領先的趨勢，絕對也包含領先的技術。

　　所以再回頭來看虛擬貨幣，我如何透過當個先知先覺者創造財富呢？以我本身來說，我透過虛擬貨幣理財的模式至少有七種，分別是：

- **買賣幣**
- **囤幣**
- **炒幣**
- **挖礦**
- **搬磚**
- **交易所**
- **創幣**

　　此外也可透過相關的資訊交流，拓展更多虛擬貨幣的理財資源。然而這些專業領域，每個都有一定的進入門檻。就連最簡單的買幣這件事，你以為只要掏出新臺幣就可以自己去買幣嗎？去哪買？買多少單位？要不要簽合同？如何得到保障？基本上，問

五個問題，有四個聽不懂，那去交易只會被當凱子。

但難道說，我們介紹這麼多有關虛擬貨幣的淵源，最終只是可望不可及嗎？當然不是如此，我們可以不懂，但我們可以透過專家啊！就好比我們買房子，也要透過房仲介紹吧！買珠寶也是透過鑑定師提供的保證書保障。同樣地，我們可以不是虛擬貨幣專家，但我們可以找專家幫我們處理虛擬貨幣，可以透過合法公開的平臺，這也是我現在正在做的服務之一，下一節會再繼續說明。

不過，就算透過專家，我們還是要對所投資的商品有基本的了解，就好像我們買房子可以透過專業的仲介，但至少我們自己心中也要有個底，才不會讓不肖的仲介騙得團團轉。

因此，在此我們還是要多了解一下虛擬貨幣及區塊鏈。

接續前面介紹過的虛擬貨幣基本概念，這裡要再多更深入的說明。

最近在網路上看到一個故事用來比喻各種 AI 術語很有意思，故事大要是有一個男生用 LINE 跟女友說：「嫁給我，我保證讓你天天幸福快樂。」女友就把這個 LINE 畫面截圖下來，廣泛發

布到臉書、LINE、微信、IG、AllPost，透過手機再持續傳給朋友的朋友，以及朋友的朋友……這就是物聯網的概念。

而有圖有真相，現在這張圖會出現在哪裡呢？答案是無限多的地方，就算這個男友想要找出所有的圖一個個刪，也已經不可能了。這就是區塊鏈的概念。而女友透過網路爬梳，找出所有男友曾講過的對話紀錄，找出了八千次男友做的承諾，並發現其中六千次男友沒做到，計算出來的達成率，這就是「大數據應用」。

很有趣是不是？但也可以簡單的讓大家明白，所謂區塊鏈，就是那種「無所不在」的概念。

這樣的「無所不在」是如何誕生的呢？如同前面章節曾介紹過的，那是一種技術的革新，怎樣的技術呢？就是去中心化的技術。講複雜的術語，讀者會比較難懂，但我這樣形容好了，以前為什麼會要「中心化」？例如存錢要去銀行，音樂放送及下載也要有個中央資料庫，因為任何的個體跟個體間做金錢交易或各種交易非常沒效率，並且也少了安全管控。也就是因此，我們做許多的事，包括日常生活中的各種金錢交易，背後都要有個銀行，或者我們要下載歌曲，也都必須要去類似 KKBOX 這類的平臺。

有平臺的好處，出事有人負責，但有平臺的最大壞處，當然就是成本增加，我們生活上的許多交易成本會增加，就是因為還要支付中心化的成本。（銀行的辦事員、銀行的提款機設置，都要花錢吧！）

如果少了這個中心化，不但是會帶來成本上的大變革，並且也會改變我們的生活模式。想想古早以前，那年代銀元是很重的，出差總不能滿身都是銀元吧！那得拖輛車來運，路上保證被土匪搶。所以就有大面額的銀票，但銀票要換前還得去大城鎮的銀莊才有，有換一些銀元可得費好大工夫，這就是成本。

如今我們金錢交易中間有了個銀行，方便多了，但依然要成本（相信各位都曾經去銀行辦事，然後有排隊等叫號等大半個小時的經驗）。

此外，既然有個「中心」，也就是「錢都在那裏」的意思，所以江洋大盜們，都會直接去搶銀行，不用一個個家庭去搶。其實不只金錢會被搶，任何的中心都可能被搶，網路公司的資料中心被駭客入侵，就是另一種形式的「搶」。反正只要有中心，就得增加保全，但我們不是常看電影嗎？保全哪比得過歹徒？有中

心化就不安全。

　　拉拉雜雜講這麼多，簡單說，區塊鏈的技術，就是讓以上所列的缺點消失的技術。而既然技術改變了，社會就要跟著變，於是就有了進階的商機。

如何透過虛擬貨幣及區塊鏈增加財富

跟區塊鏈有關的商機很多，首先，當然地，誰能打造出這個區塊鏈，誰就能獲得大利益。但這塊是大企業家們才能做得，包括鴻海集團等國際級企業，早就投入這個領域。其應用範圍很廣，不只是前面提過的金融、音樂，只要任何需要去中心化的領域，都用得到區塊鏈。（其實也就是「所有」生活應用領域都用得上區塊鏈）

如果上面那塊我們無法參與，那我們可以如何參與呢？身為一般普羅百姓，我們的參與方式有兩種，一種是到最後人人都會參與的，也就是「使用者」，相信未來有一天，我們人人都會生活在區塊鏈應用的世界裡。如同前面所說的，當一個商品、一個觀念已經普及了，那就不太可能賺得到錢了。因此我們要透過另一種參與方式，也就是本書要強調的，抓住趨勢賺錢，就中虛擬貨幣就是這樣的概念。

　　談起虛擬貨幣，接著讀者就要問，為何虛擬貨幣跟區塊鏈有關。那是因為，虛擬貨幣並不只是字面上帶來的感覺，好像純粹無中生有的似的。相反地，虛擬貨幣不能無中生有，其背後必須要有個機制，並且因為這個機制的限制，虛擬貨幣的供給，應該是限量的。也因此，其才符合貨幣定義（否則可以無限量生產，就好比新臺幣可以無限量發行，那就會通貨膨脹，並且貨幣最終會失去價值）。

　　那虛擬貨幣為何會限量呢？其概念並不是像中央銀行控管貨幣一般，由央行政策管制貨幣流量。虛擬貨幣數量會被限定，那是因為一開始，虛擬貨幣的產生，就是有條件的。以現今人人琅琅上口的「比特幣」來說，依照當初比特幣發行人中本聰的設計，比特幣的總產量是固定的 2,100 萬枚，並且這個數字是固定的，不會受到任何政權的干預。就算用核武在後面架著威脅，比特幣的總產量還是那麼多。理論上，每十分鐘會產出一個比特幣，但每一個區塊產生時，卻並不會增加同等量的比特幣，基本上每區塊產出的比特幣數量是隨著時間遞減的，依照這個速度，到了 2140 年，所有的比特幣就會產出完畢。

　　到此，讀者又要問，甚麼意思？甚麼叫產出？甚麼叫每個區塊時產出不同？

　　這就牽扯到比較複雜的說明，本書在此只簡單的比喻。如同央行會產出貨幣，其背後有個中央鑄幣局，比特幣既然是虛擬貨幣，背後不需要有個實體的鑄幣局，但其總要有個誕生依據。其實比特幣的本質用意，是一種獎勵，獎勵甚麼呢？獎勵給挖礦的礦工，比特幣是給他們的報酬。

　　至於何謂挖礦，如同前面講述的，區塊鏈技術追求去中心化，這個過程，會須經過礦工的運算及加密。當初會稱為礦工，因為獲取比特幣的勘探方式，其工作原理與開採礦物十分相似。如同比特幣創辦人中本聰在他的論文中闡述所說：「在沒有中央權威存在的條件下，既鼓勵礦工支援比特幣網路，又讓比特幣的貨幣流通體系也有了最初的貨幣注入源頭。」而我們經常聽到的挖礦一詞，就是指這些探勘過程的作業。

　　但回歸到我們自身的層面，我們不一定要去懂複雜的比特幣，以及其他各種虛擬貨幣的技術方法。但我們只要懂得應用就好。

　　再以比特幣來舉例，前面說過比特幣的最終總數量是有限制的，既然有一定的量，就符合一定的市場流通規範。比特幣被認可是一種可以收藏的，並且可以做其他交易的媒介，因此有人願意買比特幣，而在市場法則下，越多人想擁有，但比特幣數量有限的情況下，自然就會增值。並且因為最初發行時，知道的人不多，而隨著懂虛擬貨幣的人越來越多，也就市場越來越擴大，最初保有比特幣的人，可以用高價賣出，而且那增值的數字可以是很驚人的。

　　當然，比特幣的買賣也是需要市場管理機制，不是永遠地先買的人賺後來的人錢的概念，但由於本質上，數量是「固定」的，且比特幣是「有用」的，因此雖是虛擬貨幣，但絕對是「真實」交易。至今仍有人以為虛擬貨幣是詐騙的工具，那就是比較落伍的想法。

　　當然，我還是要再強調一次，虛擬貨幣我們可以懂他的概念，但真正如何透過虛擬貨幣來理財，只要找專家就好。專家在哪裡？人人都可以自稱是專家，但這不是我要說的定義，這裡我也不標榜我是虛擬貨幣專家，真正要信賴的還是平臺，我可以不

是絕對的虛擬貨幣操作達人，但我不是個人，而是站在平臺的基礎上做買賣連結，平臺，才是我們信賴的依據。

　　這裡簡述一下透過虛擬貨幣理財的方式：

・ 買幣與賣幣

　　這是最初步，人人可以接觸的領域。就好像買賣股票的原理一樣，有人看好某張股票想買，有人看空某張股票想賣，只要兩兩對接，就可以成交。原理很簡單，臺灣也開始有越來越多虛擬貨幣交易的平臺。但這裡仍要強調，要找國際性合法有公信力的平臺，才能保障交易安全。至於買賣如何賺錢？那就是看經驗法則及市場機制了。

・ 囤幣與炒幣

　　這部分也是透過舊有的理財機制就可以理解。如同股票，或者房地產，也有所謂囤股、炒股、炒房等等。基本上，這部分屬於進階應用，也就是說，一個普通的消費者，可以不需要懂太多複雜虛擬幣知識就可以做買賣，但若要做到囤幣與炒幣，那就是

已經進入「職業級」了。只要想想股票炒手如何賺錢,就可以聯想到炒幣如何賺錢,當然,背後的技術完全不同,但基本市場原理是共通的。

・ 挖礦

如果說買賣幣屬於一般人,囤幣炒幣屬於進階投資人。那麼挖礦就是更高階的,不只是投資人,甚至算是企業家了。那就好像,我們不只是在股票市場買賣股票,而是直接生產股票。當然,股票不適用這樣的概念,傳統的任何理財都不適用這樣的概念,因為挖礦是虛擬貨幣專有的理財方式,簡單講,就是第一階透過程式探勘來挖取比特幣,這需要技術以及機器(所謂的挖礦機),關於這部分的細節,本書就不多做敘述。

・ 搬磚

相較於挖礦比較專業艱澀,搬磚的理念就比較容易理解。搬磚簡單講,就是賺「時空財」,這在生活中也常應用到。例如你在屏東買水果很便宜,開車載去臺北就可以三倍價格賣出,更

廣泛來說，你在某個國家好比說法國買退了流行的包包，但該款包包在臺灣卻正當紅，如此你用低價在法國買，然後高價臺灣賣出。應用在比特幣上也是同樣原理，搬磚就是透過不同地方的比特幣資訊及市場落差來賺這樣的時空財。當然，這也是職業級的領域了。

・　**交易所**

以層級來說，這當然是最難的，只有企業才做得到，但同時卻也是最簡單的，因為好比說我們讀者們，不用去經營一個交易所，只要成為交易所中被服務的客戶就好。當然以我本身來說，我不只是交易所內的客戶，我也是交易所成員的一分子。所以這也是我獲利方式之一。

另外筆者自己也準備投資一個風洞交易所以及技術層面規畫所。抓住趨勢掌握未來。

以上是簡單的區塊鏈及虛擬貨幣應用介紹，要再補充說明的，虛擬貨幣當然不是只有比特幣，但比特幣是歷史最久，也是

最典型最被認可的虛擬貨幣。

有了這樣的基礎，我們可以更認識這個新興的理財領域。若有興趣的讀者，可以再去上這方面的課程。但以本書來說，我仍要強調的，理財是為了帶給我們更好的生活。

最終，如果有更有效率的方式，例如透過專家幫忙理財，然後我們可以將自己的時間應用在其他領域，過更高品質的生活。那人生或更加愜意。

有關虛擬貨幣部分，以下還要再介紹的是創幣。

創幣以及掌握最佳商業機會

在前一節介紹各種虛擬貨幣的理財方式時，還有一種獲利方式尚未介紹，那就是創幣。實務應用上，又分為自行創幣，以及協助創幣。無論何者，對一般消費者來說，都難以當做理財項目，因為那牽涉到龐大資金、技術以及區塊鏈應用的可行性。

然而，既然難以做為理財項目，這裡卻又要提及呢？那是因為，一般消費者的確不太可能創幣，但並不是說不能「參與」創幣啊！

所謂創幣，顧名思義，就是「創造貨幣」的意思。基本上，現在通行的各國貨幣，絕對不能私人創幣，否則那就是製造偽鈔，可是會被判重罪的。但進入區塊鏈以及虛擬貨幣時代，有些以往不可能的事，現在發生了，好比眾人皆知，比特幣、以太幣以及現今市場流通的不下千種的其他各種虛擬貨幣，源頭都是創幣。

一項貨幣，只要得到認可、符合可管控、也有一定取得規則

的，就可以落實，當然實務上，還必須要限量發行。但如何做到限量發行，其實將區塊鏈技術的應用結合符合潮流的商業行為，好比說公開募資，所謂募資都會設定一個額度，假定要募到一億元，那就有這和一億元相關的憑證。而既然設定一億元，那麼這個資本額登記後，就是固定的。

若以此為基礎發行的虛幣，也就會是限量的。具體來說，以募資一億為基準，發行虛擬貨幣，投資者取得相應的虛擬貨幣，這個貨幣會有個行情，並且可以保證，由於數量有限（就只能在一億募資範圍內），所以等到募資結束，虛幣就不再發行，當這樣的時候，當初購買虛幣的價格，很有可能隨著時間過去，自然水漲船高。

例如當初以每個幣值 100 元購買，未來可能漲到每個 500 元，那就是漲了五倍利潤。至於為何有人願意接手這虛幣？當然就是因為這個募資企業，發展越來越蓬勃，以此為基礎發行的虛幣也就越來越值錢，同時身為該募資企業的投資者（也同時是虛幣持有人），就一定還可以享有投資者的分紅好處，概念就好比我們買台積電股票每年會得到分紅般，這樣的情況，當然會有很多投

資者願意投入。

在前面說的是舉例。但實際上，筆者的確也在 2018 年已經聯合企業家菁英，正準備開啟創幣大業。

要提到這項大業前，首先要介紹能源經濟。不管在臺灣還是在全世界，誰掌握能源，誰就掌握未來世界發語權。眾所周知，目前最廣泛被使用的幾種發電方式，都有其爭議，核電不用說，在臺灣已經因為核電廠是否興建吵得沸沸揚揚，在國外也發生不只一次重大的核安事故。

核電不可靠，但傳統的火力發電、水力發電，也都各自有各自的難處，耗資龐大，且帶來環境生態的危害。當霧霾風暴成為許多國家的最新危機，火力發電真的不是好的發電選項，至於水力發電帶給全世界的生態破壞，甚至必須遷村滅村建水庫，這都不會是開發電力應用的重點。

如今最當紅的發電選擇，就是綠能發電，也就是利用大自然本身的力量，在不破壞生態以及環境下，所能帶來的發電方式。其中最被討論的兩種方式，一個是太陽能發電，另一個是風力發電。而在臺灣，已經被非常看好的發電方式，正是風力發電。

談完發電，再來談這跟創幣的關係。

當今社會，區塊鏈技術應用已經是各大企業必學的基礎功課，而有許多企業也都陸續投資區塊鏈應用，其中包括區塊鏈募資。而前面講述的風力發電，已經不是理論，而已經是進行式，並且在本書撰寫期間，筆者與一群企業家，針對風力概念創店這事業的基本建置及申請事項都已經到位，接著就剩具體落實。而秉持著公眾利益，要讓大眾參予的理念，這事業開發募資，也在這過程中，我們要發行風力概念的虛擬貨幣，作為募資的依據。

這樣的虛幣發行，背後自然是有正面意義的，跳脫傳統純粹的金錢遊戲，風力概念創幣，吸引投資直接達成有利地方民生的事。目前臺灣已經逐步有缺電的危機，這方面政府也都在積極找方法因應，其中包括經濟部能源局，提供 8,800 億資金參與前瞻計畫中，有關支持再生能源的部分。而筆者的風力概念事業及創幣，就是站在這樣合法基礎上，目前也已取得土地許可，業已在澎湖建立風力發電基地。

這一風力事業，預計蓋 4,500 支產電的風機，為了打造這個遠大的發電計畫，透過創幣來募資，預計發行 100 萬個風力概念

幣。

這是可以計算出產能及獲利的事業，不像一般貿易買賣，也許今天我有批貨我們很看好，但市場反應不佳，或者投資酒店，但有經營不善的風險等等。風力發電這事業，完全沒這問題，因為客戶就是政府，政府要發電造福全民，鼓勵民間產電也制定了買電的價格，這價格都是公開透明的，也就是說，當 4,500 支風機建好，每支的產能都可以計算出來，會發出多少電，賣給政府多少錢，這金額也是可以清楚計算的，沒有風險賭注，也絕非投資風險，就純粹是響應政府供電於民的政策，以及在這基礎上結合區塊鏈所做的創幣。

談到此，相信讀者已經可以了解，以這基礎所做的創幣，背後有多大的商機。這不但是商機，並且是所有民眾，包括菜籃族、學生兼差族、銀髮族都可以參與的事，最小單位的風力概念幣，不用百元即可購得，實際金額要看正式發行時的公定價，但大原則絕對是人人都買得起，重點只在要購買幾顆，以及想持有多久而已。

筆者也企盼，透過這樣的過程，讓民眾更加了解甚麼叫做

虛擬貨幣，也跳脫過往純粹把虛幣當成虛無縹緲概念的迷思。而投資風力概念創幣的另一大誘因，就是公司每一季將提撥百分之二十給每個持幣者分紅。

　　如此，每個讀者也都是進入虛擬貨幣時代的商機分享者。並且是穩紮穩打的商機。這樣我們就迎向更有效率更能享受生活的模式。

更有效率更能享受生活的模式

　　回歸到本書一開始的宗旨，我們要追求屬於我們的幸福快樂人生，並且要很有效率的達到我們理想的目標。

　　當我們以追求金錢為目標（相信這是大部分人的目標，因為有錢才能讓我們完成更多的夢想），那麼，如何選擇我們的工作方式就很重要。

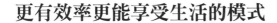

賺錢＝人脈＋資源＋專業

　　從事業務工作，特別是從事跨國性的業務工作可以大幅擴充人脈，擁有更龐大資源，跨境電商可以帶來更大的收益。我所認識從事跨境電商做得很成功的人，沒有例外，就算不是億萬富翁，擁有幾千萬元也非問題。

　　投入跨境金流，則又是另一個更高的境界，而這個境界，絕對與我們原本的工作不衝突。我知道有的人因為個性的關係，不

喜歡經常接觸人群，例如有的朋友是藝術工作者，喜歡專注在完成一件作品的神聖工作裡，不愛社交應酬賣商品。就算是這樣的人，也可以投入跨境金流。他不一定適合去加入需要每天經營平臺的跨境電商，但絕對可以做跨境金流，因為這是個抓住趨勢且不影響正職的工作。

以我本身來說，多年來從事跨境電商生意，也幫助很多人致富。我知道，跨境電商，還是需要一定的工作量。當然，我不是鼓吹大家每天休息享樂就有錢賺，但如果我們可以多一點時間陪伴家人，多一點時間讓自己獨處，一個人靜靜地倘佯在大自然風光裡，同時間帳戶能有錢進來，等休息充電完後再回都市，那豈不是人生很愜意。

我們來思考人生的種種工作模式，哪一個可以做到這樣？

- 上班族領固定薪水。當年資夠了，也可以請長假，甚至可以請一個月的假。那一個月裡既可以逍遙自在，戶頭又持續進帳，但就只有那「限定時間」的一個月，而且必須先報備先交接。所謂持續進帳，也不過就是一個月

的薪水。

- 老闆們擁有自己的事業,高興的時候,可以隨時搭飛機出國遊歷,只要公司持續運作,他就持續有收入。理論上是如此,實際上卻有困難。老闆們都知道,自己只要離開個幾天,公司可能就狀況一堆,就算公司有能幹的經理人,多半還是不放心,很少有人真的可以「隨心所欲」度假的,哪個不是邊度假邊盯著手機和員工及廠商溝通?

- 從事組織行銷業,達到一定的規模,是可以到處遊歷,仍然有收入進來。但實際來說,這個行業也並不是爬到高位後,就可以坐等吃香喝辣。我所認識的各個組織行銷界高端,他們依然得日日辛勞,如果太久時間不去經營管理自己的群組,或者參加各類的 OPP,很快的,組織就會有分崩離析的危機。

以比較級來說,從事跨境電商的朋友,絕對可以更有效率的賺到錢,也更能享受生活。

　　以我來說，我從事跨境電商多年，若想追求更高的境界，真正有時候讓自己一段時間放空，仍不擔憂金錢，那就有賴於好的投資。投資虛擬貨幣以來，我真正感受到可以不受約束，也沒有時間場所限制的賺錢模式。

　　基本上，要切入虛擬貨幣的方式有很多種，每個人可以依自己的喜好做選擇。

　　在此，我要分享的還是抓對趨勢，擁抱財富的觀念。

　　以投資虛擬貨幣來說，除了本身投資虛擬貨幣外，基於本身喜歡幫助人的天性，我想到的就是如何幫助更多人認識虛擬貨幣，並且透過虛擬貨幣改善生活。

　　出書是一種方式，但我也希望長時間可以提供有這方面投資需求者的一個指引。因此，在此我也讓自己持續精進，不斷吸收最新資訊，並且飛航不同國家取得最新的資源，要讓自己成為這個領域一個可以帶給更多朋友實際諮詢價值的人。

　　我也鼓勵讀者們有機會可以接觸不同的虛擬貨幣交易市場，的確隨著虛擬貨幣的話題越來越夯，我們可以看到市場出現許多以虛擬貨幣為名的平台，但這裡我必須強調合法性以及服務多元

性，例如筆者的風力發電概念創幣，都是植基於市場趨勢同時也都符合政府法令。

所謂交易市場，在台灣一般民眾熟知的就是期貨證券交易市場、外匯市場、還有基金、選擇權等地市場。虛擬貨幣交易的平台，在台灣也已經有，但比較是屬於場外交易的平台，缺少國際公信力。

但若能透過國際上被認可的虛擬貨幣交易平台或已經得到政府許可的平台，對於消費者比較有保障，可以得到更專業的服務，實際上，透過國際市場的視野，也可以取得更合理的價格。

可以做個比喻，就好比兩個生意人談生意，可以約在國際商會的宴客廳，有商會幹部在場見證，現場有律師及財經專家輔助，提供諮詢服務，也可以約在路邊隨便一家咖啡廳兩兩相談。

前者當然對雙方較有保障，特別是牽涉到價值越來越提升，影響力也越來越大的虛擬貨幣，中間一定有很多彼此都不夠了解的地方，選擇具備公信力的場域，是比較合適的。

任何人都可以參與跨境金流，如同前面說過的：

賺錢＝人脈＋專業＋資源

　　人人都需要累積自己的人脈、專業及資源，但所謂術業有專攻，也許在本職領域上，你是醫師、藝術家或木匠等等。你有你的專業，同時你也有你醫界、藝術界或工藝界的人脈和資源。

　　相信若你在該領域夠資深，夠努力，一定也已經有好的社經地位，若再能將觸角擴展到跨境，好比說藝術品授權到世界各國，那就肯定能累積一定的財富。但如果要更上一層樓，就需要結合投資，結合新的人脈、專業、資源。

　　虛擬貨幣市場是我推薦可以讓每個人的幸福人生如虎添翼般，再次提升的優良商機及理財模式。而透過好的交易平臺，讓專家協助有關人脈、專業、資源，則更保障一個人可以無後顧之憂下，享受優游人生。

　　有關透過虛擬貨幣獲利的方法，有非常多種，這是新時代的趨勢，如果有心想要增進財富的人，願意深入學習，必能帶來財務重大的提升。

　　以我本身來說，我透過虛擬貨幣理財的模式至少有七種，分

別是：**買幣、賣幣、囤幣、炒幣、挖礦、搬磚、交易所**。

此外，也可透過相關的資訊交流，拓展更多虛擬貨幣的理財資源。

重點我還是要強調的，每個人的工作生命有限，要如何更有效率的提升理財效率，在帶給自己更安定美好生活的同時，也能多多去幫助別人？那麼，虛擬貨幣理財是最新的發展趨勢，只要用心投入，確實可以帶來人生正向改變。

當然，人生包含不同的層面，不只是財富，還有家人健康理想實現等等。

接下來，在本書最後，就來分享如何達到幸福人生。

第五部

人生的多面向致富分析

幸福人生篇

找出你生命的價值

　　為了不讓大家有各種預設立場，所以本書在前面，談了各種人生的致富可能，卻把如何過富裕人生，擺在最後面。

　　這裡，我要來談一個跟你的人生最有密切相關的事。

　　那就是，你想過怎樣的人生？

　　有人說，我想過有錢人的人生。那很好，我接著要問，什麼叫有錢人？你為什麼想過有錢人的人生？

　　別以為每個人的答案都一樣，事實上，不可能有兩個人的答案一模一樣，除非那個人沒有自己的想法，他說的只是「別人都認為這樣最好」的想法。

　　以我的答案來說，我的有錢人定義，如同在第二章說過的，我要「有錢有閒」，並且兼顧生活平衡。當然這只是大的項目，我還可以再細部定義我的「有錢有閒」以及「生活平衡」。

包括我每月有三分之一的日子可以陪伴家人出遊或逛街，我每天的工作時數不能超過五小時，但年收入還能保持八位數字。也包括任何重要的日子，例如老婆生日、孩子慶生、家人聚餐我一定都不會缺席。

你羨慕有錢的頂尖企業家嗎？例如郭台銘先生、馬雲先生，但你不一定會喜歡他們的生活。

如果你每天起床第一件事就想到，有數十萬員工的生計嗷嗷待哺，每天光各級主管呈上的檔案就有一個人那樣高（這些檔案已經是被各部門主管過濾過的）。

光巡查自己旗下的不同公司據點，就可能要耗掉半年時間。並且當你的客戶有上千萬的時候，你幾乎不可能沒有客訴的，還有，當你有數十萬員工，也不可能讓每個員工都喜歡你，可能被罵最多的就是這些大企業家。

說起享受，他們度假休閒的時間我看應該不會比你多，說起怨念，如果每個怨念會化成一陣讓人頭痛的電波，那他們不知一天要昏倒幾次。

錢多壓力及責任更大，這樣的日子你喜歡嗎？

你羨慕那些知名的明星或運動員嗎？他們可能一小時就賺得比你一輩子多。例如 2017 年，NBA 金州勇士明星球員 Stephen Curry，年薪是 3,470 萬美元，這是什麼概念？一年就賺 8 億元。

在臺灣一個年收入 500 萬元（已經是金字塔高端收入）的富翁，工作 40 年，也才 2 億元。更何況那只是年薪，還不包括產品代言及自己經營的副業收入。

但你也不一定喜歡他們的生活。

你希望你走到哪都被品頭論足，在戶外也經常不能光明正大的走路，必須戴帽子戴墨鏡遮遮掩掩的嗎？當然可以不必遮遮掩掩，但光應付球迷影迷的問話簽名，你就什麼事都不用做了。

更何況你還不能表現出不耐煩的樣子，不小心一個失誤，第二天就上報「某某名人傲慢無禮」等等。

而就算賺那麼多錢，一個人一天可以吃一百客頂級牛排嗎？應該連三客都吃不下，一個人可以開遍頂級跑車嗎？再怎麼有錢，一次也只能開「一輛」車。

　　更何況，明星的生活都是被管制的，有時候還挺像當兵生活的，球員不能自由活動，明星也都被檔期綁死。

　　這種有錢人生活，你也不一定喜歡。

　　那麼，你可能羨慕一種真的有錢有閒的人。

　　他們不是名人，可能外表穿得像是老土，但他的銀行帳戶的數字多到他懶得去計算，反正超過九個 0。他可能是「田僑仔」（臺灣話，有很多田地的人），可能是擁有好幾棟房地產的包租婆，也可能是繼承遺產，錢多到這輩子都花不完的富二代。

　　但他們有錢卻不一定快樂，實際上，我所認識的有錢人，都非得設法讓自己忙一忙，否則生活會非常空虛。有人淪入罪惡淵藪、有人在紙醉金迷中喪失人生意義，也有人因此自殺的。已經不只一、兩個富二代因為生活迷失，最後犯罪鋃鐺入獄。

　　到頭來，錢再多，一個人一天也只有 24 小時，吃喝玩樂久了也會膩。

　　所以，電影裡，超級有錢的鋼鐵人，還有蝙蝠俠，後來都要去行俠仗義，人生才有意義。

　　上面舉了幾個例子，包括我自己的，大企業家的、大明星的、大地主的。然後我們就會發現，如果沒有定義好自己的富裕人生，那麼你的人生會變得很茫然。

　　假定，你的富裕人生定義，戶頭有一億元，那麼在不賭博，不沉迷毒品，也沒遇到詐騙集團的前提下，你這輩子直到退休，就算活到一百歲，錢也夠用了。

　　那麼，你願意去賺到一億零一萬元嗎？這是個嚴肅的問題。假定你今天中了大樂透了，扣掉稅金你就剛好可以擁有一億元，那你明天要做什麼？

　　會再繼續工作嗎？如果會，原因是什麼？

　　如果不會，那你要做什麼？

　　或者如果天神來到凡間，給你兩個選擇，一個是給你十億元現金，但你的壽命只剩下一年；另一個選擇是你會健康長壽到一百歲，但這一生每年都只有二十萬元可以用，只夠你過基本生活。那你要選哪一個？

　　我相信有人會跟天神討價還價，條件可以放寬鬆些嗎？

　　「可以」，天神承諾你。但當然不是既拿十億元又能健康長

壽一百歲，你一定要有所取捨。這時，你會怎麼提議？例如一億元活十年？或五千萬元活二十年？

每個人答案不一樣，但讓我們用心思考這個問題。

這關乎你一生的幸福。

想像十年後的你

相信很多人看過坊間的種種書籍後，可能被導引到兩個極端的思維，一種思維是追求「財富人生」，各種理財書、股票書、房地產書、選擇權書，都要你創造財富，過著錢花不完的人生。

另一種極端，追求「簡單快樂」的生活，鼓勵靜思、冥想、多做公益。這類書告訴我們，生活其實不需要擁有那麼多，是慾望促使我們不斷消費，既殘害身體又危害心靈。找回平凡的自己，才擁有真正的人生。

這兩種思維誰錯誰對？我認為兩個都對。但若有人跟我說，他兩種人都想當，我必須說，這樣的說法有點虛偽。終究人生一定要有取捨，原因很根本，那就是每個人的壽命有限，你的時間不是做這件事，就是做那件事。

比爾蓋茲是世界首富，他看似兩件事都做到了，他擁有花不完的財富，也經常從事公益。

但有錢人投入公益有兩種模式，一種是行禮如儀，一年出現

在幾次公益場合，讓媒體拍拍照，展現公益形象。一種是真的將主力放在公益上，他們一年中可能有三分之一時間在工作，三分之二在賺錢。

以比爾蓋茲來說，他不但投入許多時間在公益，並且他也承諾將來往生財產大部分要捐出，真正的已經超越「追求錢財」的境界。

金錢與心靈生活兼顧的例子很多，但我們要看背後的實質。例如很多的宗教大師們，或心靈導師，他們擁有千萬信眾，因此也累積了很多的財富，但他們本身都要過著自律且簡樸的生活，那些錢並不是給宗師個人的，而是給整個團體的。

即便如此，若偶而宗師們私生活領域被發現開名車，或從事比較世俗的事，就會引起軒然大波，被視為離經叛道的嚴重。

終究，二者就要有所取捨。

因此，我想請大家跟著我一起做功課。

第一、想像你十年後想要過的生活是什麼？

　　為了方便解說，這裡設定你的年紀在六十歲以下，但即便六十歲以上，仍可以參考。

　　所謂想像，要想得很細。

1. 週一到週五，你通常在做什麼？

- 在工作？還是在修行？亦或在旅行？

- 你會在生活什麼地方？在家裡？還是總在不同的國家？

- 你會幾點起床？吃什麼東西？怎樣安排一天作息？

- 你身旁有誰？妻子兒女？還是左擁右抱不同美女？

- 你正在享受什麼？也就是你的人生願望具體實現。

- 住在你夢寐以求的豪宅？開著你一直想買的法拉利？還是帶著父母正在環遊世界？

- 以上所說的這些生活，是每天如此嗎？日復一日都不會厭倦嗎？

2. 再想像假日期間，你在做什麼？

- 如果想像中十年後的你還在工作，例如你想創業當老闆，那麼這時候的你，假日也該休息吧！

- 如果十年後的你，不需要工作了，那你假日就跟平日一樣，即便如此，也有朋友交際吧！你的朋友，可不一定和你一樣，整天無所事事。

- 所有的想像，你的妻子（現在若單身，那就是未來的妻子）、子女及父母分別是怎樣的狀況呢？

也許有人認為，大部分人的想像，都是擁有花不完的錢，一天到晚躺在沙灘上，身邊美女如雲。但仔細想想，你不一定會要這樣的生活。

假定有一天有個天神降臨人間，他命令你這輩子後半生，每天白天都要在沙灘上休息，晚上回別墅度假，不准工作，不准參與人間活動，你也不願意吧！事實上，這不就等同於被軟禁嗎？

我問過我的很多學員及朋友，他們開始也以為自己想過著有錢有閒大少爺、大小姐的日子，但我讓他們真正模擬未來後，就

會發現不切實際。

有人還是希望有個穩定的工作，因為他喜歡服務人群，差別只是家裡永遠不缺錢。有人是期望蓋個希望小學，幫助很多兒童，她每天可能都非常忙碌，但忙得很快樂。

有人設定目標，環遊世界旅行，這個國家住一個月，那個國家住一個月，保守估計，全部國家都住過要花十五年，等十五年後，再來重新循環一次。

沒有對或錯，重點是你有沒有真的去想過。

為什麼根據統計追蹤調查，有很高比例中樂透，得到龐大橫財的人，最終生活又落回窮困潦倒，甚至比尚未中樂透前更不堪？就是因為他們原以為他們最想要的是錢，然而一旦有錢後，才知道錢只是工具，真正重要的是，想過怎樣的生活。

第二、依照想像中十年後的生活，倒推出你的生命需求

那麼，我相信這就是你真正想要的富裕人生了，這個富裕人生不抽象，不是紙上談兵，因為數字是可以算出來的。

如果你十年後想要過著每天躺在沙灘上，晚上住進別墅，有

香車美女為伴。假定這件事是十年後才發生，並且這樣的狀態維持十年（為了不讓計算複雜，就只簡單計算十年），那麼很清楚的可以算出：

1. 一天的基本花費

躺在沙灘上，這件事不用錢，但旁邊要有美女為伴，我想這絕對不是「免費的」，你要負擔她們的開支，加上自己一天的吃喝。保守估計，一天花費 5 萬元吧！

2. 常態的基本花費

那棟位在海邊的別墅，是別墅喔！不是一般的樓房，保守估計算 5,000 萬元，就不去計算內部各種裝潢及維修費了，另有一輛跑車（你已經很保守了，有人坐擁好幾輛跑車，你只有買一輛而已）300 萬元。

3. 家人的照顧

妻子（當然她不在乎你擁有很多美女）、子女以及傭人（自

然要有很多傭人還有司機），每天平均花費保守 10 萬元。

4. 其他雜支

買名貴衣服、視訊娛樂、喝酒、抽雪茄等等，也保守估計 10 萬元。

以上一天支出約 25 萬元，一年支出 9,000 萬元，十年支出加上別墅以及跑車和跑車開支，則為：

9,000 萬元 × 10 ＋ 6,000 萬元＝ 9 億 6,000 萬元

我們用這個數字來反推，你十年內要賺到 9 億 6,000 萬元（包括投資），例如第一年賺一億元，把這筆錢拿去投資保證 20％投資報報酬率的標的，以複利計算，存個九年就變成 5 億 1,000 萬元。如果前三年拚命賺到 3 億元，那麼就算第四年開始複利投資，第十年就有將近 10 億元了。

這樣子很簡單吧！

相信這時候我們就會開始思考，這似乎很不切實際，也會開始了解，自己其實從來沒有真正去想過自己未來想要變成怎樣。

　　讓我們實務一點來計算吧！不要整天躺沙灘了。你可能**繼續**上班，或者開一家咖啡店（不知為何，有很高比例的年輕人，將來的願望是開咖啡店，理由可能是因為很浪漫。），不論如何，你一定要有畫面。

　　這個畫面，一定要可以成本化。

　　不能說我要環遊世界就好，要清楚想像，你真的在環遊世界，機票飯店住宿怎麼安排（總不能每天都在飛吧！護照會過期，還有，衣服總是要換洗吧！總不能每天穿新衣），並且這個想像要包含你的家人（你應該不會自己一個人去，如果帶上家人，費用就不只加倍，加上妻子兒子及父母，費用就要乘以五倍）。

　　當一個人肯真誠地面對自己，真正去想像自己想要的未來，並以此為基礎，去計算自己的財富規畫，那麼，才是真正有效的理財，真正想要追求自己的富裕人生。

讓你的未來決定你的現在生活

讀到此，相信很多人應該明白，為何本書前面幾章，要先聊到業務的作法，要聊到如何做組織行銷，要如何做跨境金流了。因為終究你會發現，不論你的夢想是什麼，往回推一定代表著一大筆錢。

所以不是我們太銅臭，不是我們拜金主義，這是基本的現實，我們一定要賺大錢，才能過想要的生活。

就算看起來像例外，後來也發現其實很需要錢。

例如，我有一個女性朋友，就像古代孔子身旁的顏回，她說她的人生追求簡單，就算「一簞食，一瓢飲」也可以生活。但我告訴她，這樣說太抽象了，我要她「具體」的想像十年後的生活。

於是她想像著，她大部分時間都在打坐、冥想，追求性靈的昇華。她要去印度追尋大師的腳步，要去佛陀成道的所在，尋覓生命的真諦。

這真是太好的夢想了，於是我問她幾個問題：

- 多久去一次印度，去那邊要定居呢？還是常常往返？這需要不需要錢？

- 每天打坐，請問在哪打坐？在家嗎？這個家是自己買還是租屋？

- 如果自己買，這筆錢要從哪裡來？

- 「一簞食，一瓢飲」很好，但也總是得吃東西，還是需要日常花費。

- 要抱獨身主義嗎？就算抱獨身主義，也需要奉養父母吧！十年後父母年老了，可能要醫藥費，甚至要請看護，那要多少錢？如果是結婚了，那家人怎麼辦？在你的未來畫面也要呈現。

- 另外，雖然比較烏鴉嘴，但也很實在，十年後的你身體不需要看病嗎？你應該擁有保險吧！如果每天打坐，那代表不用上班，若要長期有進帳，有一個可能就是你銀行有一筆定存，光靠利息就可以生活，這筆定存金額到底是多少呢？

被我這樣一問,她算一算,看似很簡單純樸的未來,其實現在要準備的錢還是不少。

原本她在圖書館任職,工作輕鬆,因為沒辦信用卡,也不會過度消費。生活簡樸的她,聽了我的分析後就明白,不是她想追求清心寡慾的人生,就可以免掉柴、米、油、鹽、醬、醋、茶的需求。

後來,她因此離職,改變自己的人生,投入保險業,轉職擔任業務。現在的她,依然喜歡在下班時間練瑜伽或冥想,把自己家裡布置成香氛空間,喜愛閱讀、念佛。但撇開靜修的時間,她已經變成一個精明幹練、對理財可以談得頭頭是道的專業保險規畫師了。

「金錢」以及「安貧樂道的人生」一點也不衝突,兩者都是同等重要的。

你我也一樣,必須讓未來決定我們的生活。

這是個很嚴肅的課題,但我卻發現很多人完全沒有規畫。

假如你現在是 30 歲以下的年輕人,你應該做什麼?

假如你現在是 40 歲的前中年人,你應該怎麼規畫理財?

假如你現在已經 50 歲，你應該計算你的資產，然後想想未來怎樣退休。

就算你現在已經退休，人生似乎已經後悔莫及，其實你還是有機會翻盤，只要你想清楚了，都可以改變。

讓我們用「未來」來改變現在吧！

當面對未來，然後想想現在，就有兩種可能：

第一、為了要達到「那樣的」未來，就必須擁有「這樣的」現在，因此，我們要開始改變「現在」。

第二、評估「這樣的」現在，發現難以達到「那樣的」未來，因此，我們就不得不修正「未來」。

好比那個想要每天躺在沙灘上擁抱美女的朋友，他今年 35 歲，身為保險從業人員，年收入還不錯。但就算是他，當他評估十年後想像的未來後，就知道即使以他現在收入再拚個兩倍、三倍，也不可能達到。

　　以他如今的業務成績，可說已經到頂了，難以再突破，頂多只能維持。因此他的未來就改成，擁有自己的房子（不是豪宅別墅），每個月可以出國度假一次，出國的時候就可以在沙灘上擁抱美女了。（唉！他還是一定要擁抱美女！）

　　當我們都了解「未來決定現在」的道理後，接著我們就可以依照不同的屬性，包括你的年紀，結合你從事的行業屬性（依照《富爸爸，窮爸爸》的分類法，列出 ESBI 不同的屬性）。據以分析，如何改善你的現在，以追求你夢想中的未來。

　　在那之前，讓我們先定義三種財富。要準備好這三種財富，才能因應未來。

- 努力財
- 技藝財
- 自生財

　　現在年輕人喜愛玩各類線上遊戲，那麼這裡也可以用遊戲的

概念來介紹這三種財。

在遊戲裡，經常主人翁必須藉由打怪，或者破關來累積財富，透過這種基本功打下的財，就是努力財。

而在遊戲過程中，隨著遊戲經歷的提升，累積經驗值越高後，主人翁的裝備升級或關卡晉級後，每次打怪或破關獲得的金額就提高了，這就是技藝財。

自於自生財，就好比 2017 年當紅遊戲「旅行青蛙」裡的草田，隨著遊戲進行，會自己長出遊戲內必要的葉子。這類「自己會出現」的財富，就是自生財。

擁抱這三種財，才能追求更美好的未來。

以下讓我們先從年輕人的理財開始分析。

迎向美麗未來：年輕人篇

所謂年輕，這裡的定義，是 30 歲以下，包含正在社會打拚的新鮮人，也包含還在念書但已經開始關心未來就業的學生。如果已經年過三十，但心態還很年輕的也可以把自己當成年輕人。

- **年輕人的優點**：青春有朝氣、時間多、有創意、比較肯嘗試新東西。
- **年輕人的缺點**：社會經驗少、性格不穩、衝動、個性不成熟。

當我和年輕人溝通的時候，我會讓他們設想 20 年後的未來，而非 10 年後的未來。例如一個 18 歲的學生，就算 10 年後也才 28 歲，那時都還在打拚階段，這樣的設定比較不合實際。因此，若針對年輕人，這裡還是以 20 年後為想像。甚至若可能，我會請他們設想一下 30 年後，也就是大約退休年紀，他們過的生活是什麼樣貌？

比起 30 歲以上的成年人，因為缺少歷練，年輕人可能較無

法勾勒出現實的未來，他們的未來可能夢幻的成分居多。但無論如何，未來的夢仍需勾勒，並且要據以計算出一個數字來。

假定 A 年輕人，假想他 20 年後的生活，那時他 45 歲了，擁有自己的事業，擔任董事長，有一個美麗的妻子以及一雙兒女，家裡房子坪數 70 坪，另外還買一間房子給爸媽住。至於經常帶家人出國，開好車，擁有高品質生活這些都不在話下。

往前推 20 年，現在的 A 年輕人，應該要怎麼做才能擁有這樣的未來呢？

這時候就不僅僅是財富的問題，也包括能力問題。畢竟要當董事長，不是有錢就好，應該是先有能力當董事長才有錢的。

首先要來計算，手中的三個財：

- **努力財**：現在 A 青年擔任上班族，因為剛出社會，薪水是 26,000 元。

- **技藝財**：以 A 青年現在的公司來分析，若當上課長，薪水是 40,000 元，當上副理有 50,000 元。如果他想在工作時間不變下，增加每月收入，就必須提升技藝財。

- **自生財**：A 青年目前剛入社會，連學貸都尚未還清，他

　　除了夠生活費的活期存款，沒其他投資。

　　在此前提下，我如何規畫 A 青年的理財呢？

設定條件一：45 歲當董事長

　　在 A 青年的規畫中，這是一家年營業額數千萬元的貿易公司。那麼，往前推，他為什麼可以當董事長？因為他已累積十年的經驗，是個經驗豐富的業務高手，並且手中擁有資金兩百萬元，據以創業。

　　以此往前推，在 A 青年想像中，他 45 歲「已經」是董事長，所以不是 45 歲創業，假定他創業三年，那就是 42 歲創業，也就是他 32 歲起就累積豐富的業務經驗。但如今 A 青年只是個普通上班族，並且並非在貿易公司上班。因此，給他的建議是：

1. 剛入社會可以多歷練，但最遲在 32 歲前一定要進入貿易業，並從擔任基層業務做起，而非坐辦公室的工作。

2. A 青年並未做過業務工作，因此建議他，有機會的話，先不計較薪水，去從事業務性質工作。如果有可能，可以去挑戰保險產業等高業績挑戰工作。

設定條件二：結婚且有兩棟房子，一棟自家住，一棟給父母住

先假定 20 年後，房地產價格和現在差不多，兩棟房子，其中一戶 70 坪，另一戶兩個老人住，假定是 35 坪。這裡也替 A 青年省成本，假定房子是位在市郊，房價沒那麼高的地方。粗算結果，房價加上車子約需 5,000 萬元左右。

假定都是貸款，那麼頭期款也要 1,000 萬元，另外每月要負擔的房貸加上生活開銷粗估要 15 萬元。因此結論，A 青年必須在 45 歲前存到 1,000 萬元，另外當時的月收入，至少要 15 萬元。若要過更好的生活，每月出國，享受高品質，則粗估每月收入要 30 萬元。

以此反推，現在 A 青年月入 26,000 元，投資金額 0，負債還有 20 萬元學貸。

以最簡單的算法，20 年後要存 1000 萬元，那麼每年扣掉吃喝及生活費，只要結餘 50 萬元就好。假定 A 青年每月將收入固定存下十分之一，那就代表他年收入必須 500 萬元（為了方便計算，在此先不考慮利息）。並且這是從第一年就要開始，也就是說，現在 A 青年 25 歲，他明年就得達到年收入 500 萬元。

如果無法年收入 500 萬元，還有幾個方案：

1. 他要強迫每月存更多錢，例如賺的錢一半都存下，那年收入只要 250 萬元就好。

2. 他要改變未來，可能不買坪數那麼大的房子。例如，他和家人及父母共住一個 50 坪的房子，預估房價只有 2,500 萬元，頭期款 250 萬元就好。

3. 改變現在工作模式，也就是他可能現在就需離職，轉戰高收入工作，並且要立刻上手，讓自己成為有業績的人。

但回歸到現實，終究 A 青年還是個剛入社會月入兩萬多元的年輕人啊！

於是經過和 A 青年溝通後，給他的綜合建議如下：

32 歲前，努力累積自己的技藝財，開始接觸自生財。

這段時間也不短，從 25 歲起算有七年。他應該多多歷練不同的工作，並且跳出舒適圈，挑戰高業績的工作。這階段，若有薪水不那麼高但可以學到很多技藝（主要是業務技能的），他可以多嘗試。

並且在適當的理財專家指導下，做簡單的投資，主要是學經驗，不寄望賺大錢。如果有足夠的錢，建議可以投入虛擬貨幣。

最遲 32 歲，憑著他過往努力的經驗，他必須開始進入一間他理想中的貿易公司就職，並且要很快當到主管職。如此以技藝財，換取更高效率的努力財，目標是兩、三年後年薪達到 300 萬元以上。

一方面他繼續在工作上努力奮鬥，一方面他也將錢投資在可以帶來高收入的自生財。例如可以開始投資長期的股票，另外過往虛擬貨幣的投資，此時若已經來到一個成績，賺到的錢，加上他上班的錢，就可以存夠基本的 500 萬元。

當然，世事難料，有多樣的可能。也許 A 青年到了 30 歲，找到另一個人生興趣，他忽然想投入文創產業，也許他談了一場戀愛，決定和女友一起加入志工行列。年輕人本就充滿各種可能，比起 30 歲以上的成年人，更難預估未來，但有幾件事是確定的。

・年輕時候要多累積技藝財，而非努力財

很多時下年輕人，拚命打工，犧牲家庭與健康，以為自己很打拚，殊不知若只賺到錢，沒賺到經驗，那都是沒效率的錢財。

所謂技藝財，任何可以提升將來「每小時報酬值」都算。

例如，若考上碩士月薪加 1 萬元，或者國外留學，年薪加 100 萬元。或是取得證照，讓自己工作機會變多，單位時薪也增加。或者累積社會經驗，特別是業務經驗，如果 25 歲就已經身經百戰，那前途不可限量。

總之，在年輕時候，與其投資時間在努力工作換取低薪，不如投資工作在增加經驗值，換取將來更高的報酬率。

・年輕時候擴展自生財，老來財源滾滾

比較起來，若不工作就有錢進來，那該有多好。事實上，真的有這種錢，最常見的是當包租公、買股票收股利、買長期債券賺利息等等。

無論如何，時間就是最大的生財利器。同樣是擁有一筆錢，25 歲就懂得投資，跟 40 歲就開始投資，當退休時擁有的金錢差

額，可能前者是後者的兩倍。所以當我遇到年輕人，總會跟他們說，賺錢不要都拿去吃喝玩樂，若現在開始理財，未來你就有更多錢吃喝玩樂。

· 建立正確的人生觀念

要了解，賺錢不是人生目的，人生必須擁有愛、擁有親人、擁有美好的回憶。因此，有時候跟年輕人，我會舉一些比較「老大徒傷悲」的例子，有人年輕時風風光光，老來卻連棲身之所都沒有。有人年輕時拚事業，到頭來妻離子散，兒子看自己像看仇人一樣，這些都是不可取的。

要趁年輕建立志向，我要賺大錢，但賺大錢的同時，我也不能犧牲自己的親人以及青春，那才是成功人生的王道。

如果你是年輕人，恭喜你，你可以有燦爛的未來。不管你現在是否身無分文，甚至還欠幾十萬元學貸要還都一樣。只要能建立正確觀念，真正做到預想未來，推導到現在，好好累積你的努力財、技藝財以及自生財，你將是最值得欽羨的人種。

迎向美麗未來：成年人篇

　　這裡假定的成年人，已經入社會工作一段時間。這時的你應該是：

- **擁有一定的努力財**：月薪已經比剛入社會的青年多，或者已經自己創業當老闆。

- **擁有不可取代的技藝財**：你擁有豐富的經驗，這讓你可以在職場上爭取更高的職位。你熟悉某個專業技能，被視為是這個領域的老鳥。其他包括人生歷練，應對進退的純熟度，都達到一定的境界。

- 此外，你也拓展一定的自生財。你手上一定有些投資項目，可以錢滾錢方式為你生錢。

　　這時候，我們來想像十年後的自己，目標訂定一定更加明確。例如有 40 歲的業務高手，說十年後要退休，目標是存到 5,000 萬元。

例如有 35 歲的廚師，說十年後要擁有自己的餐飲店。

以上兩個目標都很清楚，但不夠明確清楚，因為大家一看就知道，你想要的是怎樣的未來。不夠明確，因為仔細想想，若要評估成本，資訊並不夠。

以存 5,000 萬元來說，這個數字很清楚。但 5,000 萬元是指什麼呢？指戶頭裡有 5,000 萬元，從此不用再工作。但不用工作是指可以每天遊山玩水嗎？還是歸隱山林？

如果，在山中有自己的祖宅，一小畝田地，那麼假定一個人壽命是 80 歲，並且也沒太多的醫療支出，那 5,000 萬元度過三十年是可以的。

因為那筆錢可能拿去投資，光靠利息就足以支應一家子未來（含子女教養費）。但如果是想遊山玩水，且住在大都市，則 5,000 萬元是否足夠？就還需要精算。

同樣的，十年後開自己的餐飲店，開一家小小自助餐店是餐飲店，開一家高檔義式料理店也是餐飲店。但成本需求上，前者可能只要準備幾十萬元自備款，做為租金及食材、員工等基本成

本就好，後者可能要準備個兩、三千萬元，相差非常多。

若要規畫現在的理財，則一定要對「未來」做好定義。

無論如何，為了圓夢，最終一定會回推到現在，每個月要創造一定的金額。

這時候，身為成年人，有著比年輕人更大的壓力與責任。

成年人通常已有家庭了，如何在兼顧家庭的狀況下做好理財？從這裡就可看出，一個人若能在年輕時代就做好理財規畫，30 歲後煩惱就少很多。

相對於年輕人來說，未來已經離現在不遠了。如果說十年後的生活，預計要擁有 5,000 萬元才能達到夢想，5,000 萬元反推，就是每一年要「結餘」500 萬元。換算成年營收可能要幾千萬元，那可以達到嗎？

評估現狀，如果擁有一定財力，例如已經存了 200 萬元了，已經擁有房地產了等等。這些資產，若透過適當投資，變成有效的自生財，則達標將更有可能。

　　但我們可以看到大部分的人，其實不但沒有多少儲蓄，並且還負債累累。包括房屋，若貸款尚未繳清，要背負好幾年喘不口氣來的房貸利息，那也是一種負債。

　　面對時間壓力，以及人生責任重擔，成年人必須做出重大的抉擇。

第一、生涯要做出正確轉換

　　當年過 35 歲，仍然每月領三四萬元的薪水，但心中的願景是想要有五千萬元退休。那就必須做出斷捨離，告訴自己，目前的工作模式，無法圓我未來的夢，就算我努力工作，升上經理也是一樣。

　　如果確認自己不想改變夢想中的未來，那就務必改變現在。回到本書前面強調的幾個可以切入的重點：

1. 加入業務性質工作

　　一開始，也許月收入反倒比上班少，但只要意志堅定，突破舒適圈，就可以挑戰年收入幾百萬元。

2. 加入組織行銷工作

這已經被證明是不分男女，不分年紀，不分學歷，都可以做到很成功的行業。只要有心，那麼透過加入組織行銷，用組織賺錢的模式，可以帶來突破以往的收入。

3. 試著參與事業，包括創業或跨境電商

當人生已走過一半，這時候再不衝，日後就更不會衝了。我常鼓勵那些每天度日如年，純為了生計而上班的人，與其「過一日是一日」，迎向注定灰暗的明天。

何不現在闖一闖，不論創業、不論加入組織行銷，總之，雖然不確定未來新的模式對不對，至少確認舊的模式不對，就必須轉換。

第二、投資理財要打下穩固基礎

我的建議，若資金有限，離夢想有一段距離。與其經常炒短線，炒到後來，投資理財數字歸零甚至變負，不如看準幾個長期投資，以進可攻退可守的方式理財。例如投資房地產，若房價大

漲可以賺差價，若房價持平或下跌，至少也可以自住，只要不賣就沒有損失，其他像是珠寶可以保值也可以自用。

另外，我非常推薦的就是投資虛擬貨幣，這裡要強調的是合法的虛擬貨幣，例如比特幣。

唯有搭配正確的投資，加上理財模式的改變，才有可能打造屬於你的亮麗未來。

迎向美麗未來：ESBI 分析——Employe 篇

這裡，我們來探討《富爸爸，窮爸爸》一書中所訂定的四個財富象限。

看過這本書的人都知道，在 ESBI 四象限理財模式中，E 或 S 的人數占 90％，但總收入只占 10％；B、I 的人數占 10％，但總收入占 90％。

如同我前面說的賺錢方程式：

年收入（R）＝（次數（X）X 時間（T）X 單位時間報酬（W））＋（投資報酬（I））

對 E（Employee）雇員，包含上班族、打工族，以及所有靠老闆吃頭路的人來說，他是用自己講定的時間報酬來計算次數，因此工作多久賺多少錢都是可以計算出來的。

若一個人一生都是上班族，那也可以計算出他從進公司到退

休，一生可以領多少錢。

　　對 S（Self-employed）自營商，包含 Soho 族、小店老闆、專業職人來說，他們也是用自己的時間報酬來計算次數。但比起 Employee 來說，這個時間報酬是比較彈性的，可以單位期限內擁有更多次數（相較來說，上班族就算加班也不一定有加班費），可以用單位時間的換算金額來提高總收入。但除非這個單位時間報酬（W）訂得很高，否則純靠次數，收入仍有限。

　　至於 B（Business owner）以及 I（Investor），前者藉由改變次數（X）的定義，以系統以組織來計算次數，後者則專注在投資報酬，若「經營得法」可以快速增加財富。

　　我們任何一個人除非失業，否則一定處在四個象限中的至少一個象限，大部分時候，一個人會同時擁有兩個象限。當然，在《富爸爸，窮爸爸》裡指的是以該模式為主力，但在此我討論幸福人生，則專注在理財模式上。

　　也就是說，一個人可以是上班族，但他只要有做投資，那就也算投資者。以此定義，那麼大部分人可能擁有兩個甚至三個模式。例如我有個朋友，他白天在大企業上班、晚上回家幫忙照顧

自家的店面，同時他也投資股票房地產，因此他同時具備 ESI 三個模式。無論如何，一個人當處在不同模式，卻要追求自己更好的未來時。我們該怎麼打造自己的幸福人生。

對 E（Employee）雇員來說，有以下方法：

一、問問自己的志向

本書雖然大幅介紹業務模式及賺錢思維，但也強調人各有志，如果一個人志向追求的是平凡穩固，只要有小小的穩定的家，每天可以和家人相處，不求大富大貴，這樣的志向也沒有錯。

二、小志向也必須規畫

就算不求富貴權位，只想過安心理得，與世無爭的生活，也要兼顧到幾件事。

1.退休金規畫

也許你是個老師，有較好的福利制度，也許你是軍人，有國家的保障。但無論如何，都還是要計算好，當你退休的時候，可

以領到多少退休金。

請記住，退休不是與世無爭就好，就算你安貧樂道每天在家，也還有一筆勢必面對的開支，那就是年紀大了難免碰到的各種醫藥費。更何況，往往我們不只一個人，上有老父老母，下有孩子教育，這些都要規畫進去。

2.風險規畫

對於胸無大志、只想好好工作到退休，領個百萬元退休金，或許做個小生意到年老的人來說，我會告訴他們，抱持著和平與世無爭的心態很好，但不幸的，這世界不一定會配合你的腳步。

如果你的企業倒了怎麼辦？如果你年至中年，被公司遣散怎麼辦？如果你的事業不能陪你到退休，你怎麼辦？如果上天開你個玩笑怎麼辦？例如發生意外，例如重病住院？

當你所有規畫都利基在「一切正常」的前提下，若突然發生「不正常」狀況，你該怎麼辦？

所以，就算胸無大志，只想一輩子當個上班族，也要有適當的規畫。

三、上班族也要有三大提升

1. 職位提升

在職場上如果站在原點不動，就代表你沒長進，再不然就是所處企業沒什麼發展。否則就算在軍中，也會一階升一階，當老師也可以升上主任或教授，才能保障基本的退休福利。

2. 理財提升

就算安貧樂道的人，也必須理財來保障未來，因此，我會鼓勵上班族們，如果可以還是要多接觸最新的理財知識，進行一些好的投資，例如投資比特幣，既能賺錢，又不影響正職工作。

3. 境界提升

即使一個人不追求大富大貴，但人生在世也該追求些什麼吧！也許是追求自己心靈境界的提升，就像一些知名的學者，也許他們老來兩袖清風，但是走到哪都備受尊重。「德高望重」的人不一定是會理財的人，然而他們用一生累積人格信譽，這也是值得的。

迎向美麗未來：ESBI 分析── Self employed 篇

　　我時常對我的朋友說，S 的定義，注定處在一個變化的狀態。

　　為什麼呢？會當 Self-employed 的人，既然不願意當上班族，那麼，應該就有著和上班族不一樣的志向，通常會設定一定的目標，不論如何，Self-employed 都只能是個過度。

　　可能是個開小店的人，那心中一定要期許，自己的店變大。如果是擺攤子，甚至擺地攤，更要追求從露天到有實體店面。

　　如果是自營專業者，例如律師、算命師、會計師、醫師，也會期待擁有自己的事業，有自己的事務所、命理教室、診所等等。

　　如果個人工作者，如設計師、水電工、文字工作者，也會期待自己事業升級，最好是朝企業化前進。畢竟，這些工作，都有年紀限制，當年紀老了，體力不行了，若沒能成就事業，個人工作者甚至連退休金都沒有，那就比較悲慘。

　　比起上班族，至少有公司替他們規畫（例如公司會有升遷藍圖及員工培訓）。對需要自律的 S（Self-employed）自營商來說，

更加需要重視人生規畫：

一、問問自己的志向

同樣的，需要問問自己的志向。好比一個設計師，將來想擁有自己的品牌；一個律師，想創業擁有自己的事務所，這些都需要規畫。同樣的，你要預想十年後想要過怎樣的生活，如果要達到這個目標該怎麼改變，包括回頭去當上班族，也是一種改變。

例如我有一個朋友，自己出來創業在夜市賣鹹酥雞，雖然有賺錢，但一天工作十多個小時，假日也要工作，長此以來，身體也受到傷害。

他仔細評估後，選擇去朋友開的公司上班，擔任經理人。這樣的選擇，比較符合他的未來，這個未來包含財富上的未來，也包含健康上的未來。

二、打造自己的獲利模式

Self-employed 不像上班族，和雇主已經談好固定薪水。

Self-employed 和上班族最大的差別，就是可以調控自己的報

酬，這個報酬差距並且是可以很大的：

1. 增加單位報酬

　　隨著自己的名氣增加或經歷加分，可以提高單位報酬率。例如美髮師剪一個頭原本收 300 元，若是個知名設計師，剪個頭可能要 2,000 元，差別幅度，不是一般上班族調薪可比擬的。

2. 增加非被動性收入

　　Self-employed 有一個特別的優勢，那就是當自己的專業達到一定程度的時候，可以化成非被動性收入。也就是說，他可以將自己原本的技藝財，變成自生財。

　　最典型的例子，知名作家 J.K. 羅琳，她原本的職業歸屬在 S，最初只是個要教養孩子收入微薄的單親媽媽，收入連糊口都難。但後來她的《哈利波特》系列紅遍全球，成為暢銷作家。

　　光一本書版權收入就幾輩子吃喝不盡，更何況她《哈利波特》系列有七本。現在的她，是全世界排名前十名的女性首富。

以此為例，任何 Self-employed 都可以創造非被動性收入。例如牙醫師，可以創造獨特的洗牙方法、出書以及演講賺取版稅；設計師做出名聲後，自己變成名人，光代言費就幾百萬元。

就算是擺攤賣雞排，如果發展出自己獨特的口味，也可以成立加盟體系，賺取授權金，這些是 Self-employed 獨有的優勢。

3. 要讓自己抓住時代潮流

我在前言提到，要做一個「笑到最後」的人。一個人的思想觀念，如果不改變，那麼就會被時代淘汰，特別是對於 Self-employed 來說更是如此。

最明顯的例子就是技術類工作者，若他所從事的技藝，會隨著趨勢改變，如電腦工程師、軟體工作者，改變就是必須的。其他工作，好比說文字工作者，如文字內容不能搭配潮流；或者做生意開店，不能配合時代趨勢建立臉書網站，就很容易面臨被淘汰的命運。

4. 要抓住如何理財

其實這點是共通的，不論一個人是軍公教人員、上班族還是 Soho 族，也不論他是不是已經是企業家，他都要懂得理財。甚至對許多人來說，理財的收入已經遠遠大過正職的收入。以這個角度來說，屬於 ESBI 的那個象限就已經不那麼重要了。

當然，理財是一個課題，但工作是另一回事。

一個人就算單靠理財可以一輩子不愁吃穿，他還是需要有個工作，這樣才能接觸社會，才能砥礪自己。否則一個人終身享樂，終會內心空無，即使不缺錢，但正如有句話說：「窮得只剩下錢。」人生就很悲哀了。

有關 ESBI 的分析，由於 B（Business owner）是企業老闆，I（Investor）是投資者，都有一定的成就，適用本書的前面分析，在此就不特別介紹。

結語：現在你知道該怎麼做了嗎？

時常聽到大家抱怨，景氣不好，生活難過等等。

所謂抱怨，就是你心中有個藍圖，但現實生活和你想像的藍圖有所差距，所以才會產生抱怨。不是這樣嗎？

但我經常發現，現代人的抱怨，不是為了將來的美好藍圖，只為了比較好的「現在」跟比較不好的「現在」而抱怨，那樣就格局太窄了。

有時候看到加班的年輕人抱怨，老闆好苛刻。我會問他，你未來想做什麼？如果你是學徒想要出師，那應該會感謝老闆，因為他磨練你，讓你早點出師。如果你只是為了領微薄的薪水。那麼就會斤斤計較加班害你「損失」的時間。

一個有理想抱負的人，會知曉他現在每件事的背後意義，知道苦難代表學習、困境代表新機會。

一個從不想未來的人，苦難就只是代表現在心情不爽，困境就代表「我真的很倒楣」。結果經歷了苦難，卻沒學到什麼，那

可真是天大的浪費。

本書想要告訴大家，追求自己的美好人生，要先想清楚幾件事，這裡也整理如下：

一、要有效率的過人生

如果不追求財富那也就罷了，若要追求財富的話，就要用有效率的方法做事。

1. 如果你現在從事的行業不符合你的人生效率，那請趕快換跑道。效率又分長期及短期，以年輕人來說，有時候打工賺錢每小時賺個一百多元，看似沒效率，但如果他是為了學習經驗，那麼卻又變成有效率了。總之，要先決定你的人生目標再來設定自己的效率。

2. 當認真考量人生的效率的時候，就會發現，花同樣的時間，有更容易賺錢的方法。在不違背自己的理想抱負前提下，何不試試這些方法呢？

二、做業務是王道

在分析了有效率的方法後，就一定會發現，擔任業務工作，絕對是提升收入最有效的方法。

這適用於不同象限的理財模式，身為上班族，若懂得業務，不但可以增加收入，也能夠快速升遷。以我的經驗來看，所有成功創業的老闆們，絕大部分都是做業務工作出身的。

若你是個人工作者，那更需要業務能力，好的業務能力絕對可以為你帶來更多生意。至於身為老闆企業家，那更是每天都在做業務的工作。

一個人絕不要排斥業務工作，這是效率人生的重要前提。

三、善用組職賺錢

同樣是做業務工作，如果是在一般企業做產品業務，可能每月只是領薪水加上一部份業績獎金，收入有限（但相對的比較有保障）。

若要追求更高收入，就要去做完全業務導向決定收入的工作，年輕人各種業務工作都可以挑戰，舉凡賣信用卡、賣保險、

賣生前契約，越是困難賣出的產品，其實就越有挑戰性，也能帶來更高的成就感。

在臺灣市場，以單一業務來看，房地產、汽車、保險，被稱為三大高薪業務領域，但這三大領域，就我的經驗來看，還是比不上組織行銷。

不是組織行銷的模式特別好賺錢，也不是所有組織行銷產業都一定賺錢。我這裡要特別強調的必須要結合「跨境電商」模式的企業，比較好賺錢。

原因無他，當你可以賺全世界人的錢，那自然比只在臺灣賺錢要賺得多了。

四、找到理財模式

最終，我要推薦的是抓住趨勢，快速理財。

以我分析來看，包含股票、房地產、期貨選擇權等等，都有相當程度的風險。但我推薦的虛擬貨幣投資，特別是比特幣投資，不是一種風險，而是「抓住一個正在上升中的趨勢」。

　　傳統的貨幣由國家所掌控，但因為有了區塊鏈科技的出現，打破了這個舊有的框框。從此，一個超越國界的超級交易媒介出現了。

　　比特幣是從程式衍生出來的，沒有人可以控制，就好像古早時代的黃金，挖礦來自有限的區域，不是任何人都能擁有，因為有一定的珍稀度，所以可以保值。如今，比特幣透過挖礦程式產生，數量有限，且被越來越多國家認可。

　　比特幣去中心化且定量發行，雖數量有限，但至少到 2140 年都挖不完。

　　當傳統貨幣面臨種種危機，好比說當兩韓危機發生時，韓幣大幅貶值，這種貨幣是那麼的不可靠，禁不起時代變局。

　　相對的，任何時代黃金都可攜帶保值，問題是黃金不能切割也不好攜帶。而具有同樣性質的比特幣，非常的方便，隨著接受度越來越高，價值已經不斷攀升，這絕對不是一種賭博，而真的是抓住趨勢。

　　當一個貨幣，你已經「確定」它將來會越來越重要時，趁還沒有那麼昂貴的時候購買，將來絕對物超所值。

　　無論如何，每個人的人生都是自己的。

　　我可以介紹各種觀念，並且以自身的例子證明，我就是投入這些項目，包含我從事業務工作、我投入組織行銷，後來參與跨境電商，現在則是投資虛擬貨幣。我現在三十幾歲，但已經達到年收超過千萬元的地步。

　　我可以做到，相信有心的人都可以做到。

　　抓住你想要的人生。

　　人生的選擇權，從來就在你自己手上。

全方位創造你的富裕人生

趨勢創業大師曾靖澄教你如何掌握對的趨勢打造自己的獲利公式

作　　　者／曾靖澄
出版經紀人／卓天仁
美 術 編 輯／孤獨船長工作室
責 任 編 輯／許典春・簡心怡
企畫選書人／賈俊國

總　編　輯／賈俊國
副 總 編 輯／蘇士尹
編　　　輯／高懿萩
行 銷 企 畫／張莉滎・廖可筠・蕭羽猜

發　行　人／何飛鵬
法 律 顧 問／元禾法律事務所王子文律師
出　　　版／布克文化出版事業部
　　　　　　臺北市中山區民生東路二段 141 號 8 樓
　　　　　　電話：(02)2500-7008　傳真：(02)2502-7676
　　　　　　Email：sbooker.service@cite.com.tw
發　　　行／英屬蓋曼群島商家庭傳媒股份有限公司城邦分公司
　　　　　　臺北市中山區民生東路二段 141 號 2 樓
　　　　　　書虫客服服務專線：(02)2500-7718；2500-7719
　　　　　　24 小時傳真專線：(02)2500-1990；2500-1991
　　　　　　劃撥帳號：19863813；戶名：書虫股份有限公司
　　　　　　讀者服務信箱：service@readingclub.com.tw
香港發行所／城邦（香港）出版集團有限公司
　　　　　　香港灣仔駱克道 193 號東超商業中心 1 樓
　　　　　　電話：+852-2508-6231　傳真：+852-2578-9337
　　　　　　Email：hkcite@biznetvigator.com
馬新發行所／城邦（馬新）出版集團 Cité (M) Sdn. Bhd.
　　　　　　41, Jalan Radin Anum, Bandar Baru Sri Petaling,
　　　　　　57000 Kuala Lumpur, Malaysia
　　　　　　電話：+603-9057-8822；傳真：+603-9057-6622
　　　　　　Email：cite@cite.com.my
印　　　刷／卡樂彩色製版印刷有限公司
初　　　版／2018 年 10 月
售　　　價／300 元
I S B N／978-957-9699-27-3

城邦讀書花園　布克文化
www.cite.com.tw　WWW.SBOOKER.COM.TW